国家计量技术法规统一宣贯教材

用蒙特卡洛法评定测量不确定度

周桃庚　编著
国家质量监督检验检疫总局计量司　审定

中国质检出版社
北　京

图书在版编目(CIP)数据

用蒙特卡洛法评定测量不确定度/周桃庚编著. —北京:中国质检出版社,2013.12
(国家计量技术法规统一宣贯教材)
ISBN 978-7-5026-3926-6

Ⅰ.①用… Ⅱ.①周… Ⅲ.①测量—不确定度—研究 Ⅳ.①TB9

中国版本图书馆 CIP 数据核字(2013)第 269346 号

中国质检出版社出版发行
北京市朝阳区和平里西街甲 2 号(100013)
北京市西城区三里河北街 16 号(100045)
网址:www.spc.net.cn
总编室:(010)64275323 发行中心:(010)51780235
读者服务部:(010)68523946
中国标准出版社秦皇岛印刷厂印刷
各地新华书店经销
*
开本 880×1230 1/16 印张 7 字数 176 千字
2013 年 12 月第一版 2013 年 12 月第一次印刷
*
定价: 48.00 元

前　言

国际标准化组织2008年正式颁布了ISO/IEC导则98-3系列标准，其中包括附件1《用蒙特卡洛法传播概率分布》。该附件详细规定了：对GUM法不适用的情况下可用蒙特卡洛法传播概率分布评定和表示测量不确定度；在GUM法适用的情况下，也可通过用蒙特卡洛法予以验证。该附件的颁布，标志了测量不确定度评定和表示在国际范围内得到进一步扩展和深化。在ISO/IEC导则98-3附件1的基础上，我国发布了国家计量技术规范JJF 1059.2—2012《用蒙特卡洛法评定测量不确定度》。

为了帮助我国各级计量人员、注册计量师、计量科研人员及其他需要了解测量不确定度的人员理解和掌握JJF 1059.2—2012《用蒙特卡洛法评定测量不确定度》，我们组织编写了这本宣贯教材。本书详细说明了GUM法和蒙特卡洛法在不确定度评定的各个阶段的处理方式，对如何为输入量设定概率密度函数以及分布传播的基本原理做了详细的讲解。为了更好地方便读者在实际工作中使用蒙特卡洛法评定测量不确定度，本书介绍了电子表格软件和Matlab的应用，并在每个举例中附有Matlab程序，这些程序都在MATLAB R2010a版本中通过了验证。

国家质量监督检验检疫总局计量司

2013年10月

目　录

第1章 概 述

本书是以 ISO/IEC GUIDE 98－3/Suppl. 1:2008《测量不确定度第 3 部分 测量不确定度表示指南(GUM:1995)附件 1:用蒙特卡洛方法传播概率分布》(Uncertainty of measurement—Part 3:Guide to the expression of uncertainty in measurement(GUM:1995) Supplement 1:Propagation of distributions using a Monte Carlo method)为基础对用蒙特卡洛法评定测量不确定度的概念和方法做了较详细的讲解,可作为贯彻 JJF 1059.2—2012《用蒙特卡洛法评定测量不确定度》的学习资料。

本书旨在帮助我国各级计量人员、注册计量师、计量科研人员及其他需要了解测量不确定度的人员了解和学习蒙特卡洛法评定测量不确定度。

1.1 GUM 法评定测量不确定度的局限性

测量不确定度评定领域中的主要文件是“ISO/IEC GUIDE 98—3:2008《测量不确定度第 3 部分:测量不确定度表示指南(GUM:1995)》”。该标准是在对 1995 版 GUM 修订的基础上以 8 个国际组织的名义于 2008 年联合发布。依据 GUM,我国对 JJF 1059—1999《测量不确定度评定与表示》已进行了修订,并于 2012 年发布了新版 JJF 1059.1—2012《测量不确定度评定与表示》。该规范的修订为测量不确定度在我国的应用将会起到推动作用。

GUM 中所采用的模型是一个输入输出模型,即输出量是输入量的函数。针对这种模型,GUM 提供了一个实施不确定度评定的程序,该程序被称作 GUM 不确定度框架或 GUM 法。其出发点是有关模型输入量的相关信息用其估计值及其相关标准不确定度表示,通过(一个线性化的)模型“传播”这些估计值及其不确定度以提供输出量的估计值及其标准不确定度。同时该程序还提供了获得输出量的扩展不确定度,从而获得包含区间的一种方法。为了计算包含因子,以获得扩展不确定度,有必要知道输出量的概率密度函数(PDF),在 GUM 不确定度框架内,没有明确说明如何计算,而是基于中心极限定理,假设输出量为高斯分布。该程序也考虑了如果模型的输入量相互关联时相关性的影响。(完整的)不确定度评定程序,应包括:(1)应用不确定度传播律获得输出量的估计值及其不确定度;(2)假设中心极限定理成立,获得扩展不确定度,从而获得包含区间。

对于数学模型为线性时,有效应用不确定度传播律无需任何条件。而且,在下列条件下可确定包含区间:

(1)当一个或多个输入量的标准不确定度存在有限的自由度时,且这些输入量要求相互独立,可运用韦尔奇—萨特思韦特(Welch－Satterthwaite)公式,计算输出量的合成标准不确定度的有效自由度。

(2)输出量的概率密度函数(PDF)可由高斯分布或 t 分布充分地近似表示。

对于数学模型为非线性时,应用不确定度传播律是有条件的。当数学模型的非线性不显著时，若想运用基于数学模型的一阶泰勒级数近似的不确定度传播律，在输入量 X_i 的最佳估计值 x_i 附近，数学模型关于每个输入量分量 X_i 需连续可微。

当数学模型为明显非线性时，GUM 建议在合成标准不确定度的计算中必须考虑泰勒级数展开中的高阶项，同时给出了包含高阶项的合成标准不确定度的计算公式，但要求在输入量 X_i 的最佳估计值 x_i 附近，数学模型关于每个输入量分量 X_i 存在适当的高阶的导数，同时要求泰勒级数近似中的显著高阶项所涉及的输入量 X_i 相互独立，且其 PDF 为高斯分布，泰勒级数近似中所不包括的高阶项同时可以忽略。满足这些条件的情况下，应用 GUM 不确定度框架产生的结果有效。

总之，有效应用 GUM 不确定度框架，要求：

(1)数学模型的非线性不是很显著。

(2)中心极限定理适用，这意味着输出量的 PDF 由高斯分布或 t 分布表示。

(3)韦尔奇—萨特思韦特公式足够用来计算有效自由度。应用韦尔奇—萨特思韦特公式要求假定输入量相互独立。

在实践中，当这些条件不满足时，有时仍使用 GUM 不确定度框架，从而产生的结果只能视为一个近似值。或者，不知道这些条件是否成立时，照样使用 GUM 不确定度框架。若数学模型的非线性很显著时，由 GUM 不确定度框架提供的输出量的估计值和其标准不确定度可能是不可靠的。若中心极限定理不适用时，可能导致不切实际的扩展不确定度。

当适用条件不能完全满足时，JJF 1059.1 建议“可采用一些近似或假设的方法处理，或考虑采用蒙特卡洛法(简称 MCM)评定测量不确定度，……”。

1.2 蒙特卡洛法

蒙特卡洛(Monte Carlo)法又称统计模拟法、随机抽样技术，是使用随机数(或更常见的伪随机数)来解决问题的一种方法。

当所求问题的解是某个事件的概率，或者是某个随机变量的数学期望，或者是与概率、数学期望有关的量时，通过某种试验的方法，得出该事件发生的频率，或者该随机变量若干个具体观察值的算术平均值，通过它得到问题的解。这就是蒙特卡洛法的基本思想。

为了得到具有一定精确度的近似解，所需试验的次数是很多的，通过人工方法做大量的试验相当困难，甚至是不可能的。因此，蒙特卡洛法的基本思想虽然早已被人们提出，却很少被使用。20 世纪 40 年代以来，由于电子计算机的出现，使得人们可以通过电子计算机来模拟随机试验过程，把巨大数目的随机试验交由计算机完成，使得蒙特卡洛法得以广泛地应用，在现代化的科学技术中发挥应有的作用。

蒙特卡洛法常以一个“概率模型”为基础，按照它所描述的过程，使用由已知分布抽样的方法，得到部分试验结果的观察值，求得问题的近似解。

GUM 附件 1 是建立在“分布传播”这个概念上。该方法直接使用设定给输入量的 PDF，而不是只使用分布的期望和标准偏差。然后通过测量模型，获得被测量，即输出量的 PDF。GUM 附件 1 推荐使用蒙特卡洛法来实现这个目的。

蒙特卡洛法来实现这个目的，就需要产生各种已知概率分布的随机变量，这是实现蒙特卡洛法的基本手段，这也是蒙特卡洛法被称为随机抽样的原因。最简单、最基本、最重要的随机变量是在[0,1]上矩形分布的随机变量。通常把[0,1]上矩形分布的随机变量的抽样值称为随机数。

产生随机数的问题，就是从这个分布抽样的问题。在计算机上，可以用物理方法产生随机数，但价格昂贵，不能重复，使用不便。另一种方法是用数学递推公式产生，这样产生的序列，与真正的随机数序列不同，所以称为伪随机数，或伪随机数序列。经过多种统计检验表明，它与真正的随机数，或随机数序列具有相近的性质，因此可把它作为真正的随机数来使用。

其他分布随机变量的抽样都是借助于随机数来实现的。由此可见，随机数是实现蒙特卡洛法的基本工具。

1.3　蒙特卡洛法评定测量不确定度的目的

当输入量 $X_1,\cdots,X_N$ 与输出量 Y 之间的模型是线性的，即

$$Y = c_1X_1 + \cdots + c_NX_N$$

式中，$c_1,\cdots,c_N$ 为任何常数，N 无论是大或小，可为任何值，且输入量 X_i 设定为高斯分布，若部分输入量之间或全部输出量之间相关时，为这些相关的输入量设定联合(多元)高斯分布。在这种情况下，评定测量不确定度，GUM 不确定度框架是无与伦比的。

在其他情况下，GUM 不确定度框架一般提供一个近似解：近似的质量与模型，以及其输入量的估计值及其不确定度的大小有关。在许多情况下，这种近似在实际应用中是完全可以接受的。但在某些情况下，却未必如此。

因此，虽然 GUM 作为一个整体，内容非常丰富，但 GUM 不确定度框架确实有一定的局限性和假设条件，因此在计量的一些应用中，GUM 用户并不清楚在其应用中局限性是否可用或假设可预期满足。

GUM 不确定度框架条件不满足或不确定条件是否满足，或当应用 GUM 不确定度框架有困难，如模型复杂时，可以使用蒙特卡洛法评定测量不确定度。

GUM 没有明确提及使用蒙特卡洛法。然而，在 GUM 起草过程中该选择是得到认可的。ISO/TAG4/WG 3 出版的 ISO/IEC/OIML/BIPM 1992 年 6 月的草案(第一版)宣称[1]：

“如果 Y[模型输出量]和其输入量之间的关系是非线性的，或者如果只得到表征 X_i[输入量]的概率的参数(期望，方差，高阶矩)的估计值，以及它们本身由概率分布表征，而且一阶泰勒展开式是一个不可接受的近似式，则 Y 的分布不能用一个卷积表示。在这种情况下，一般应应用数值方法(如蒙特卡洛计算)，但在计算上评定更加困难。”

在 GUM 发布的版本中，G1.5 条已修改为：

“如果 Y 和其输入量之间的函数关系是非线性的，一阶泰勒展开式不是一个可以接受的近似式，则 Y 的概率分布不能通过输入量分布的卷积获得。在这种情况下，必需要用其他分析或数值方法。”

这里重新措辞的解释是，“其他分析或数值方法”包括任何其他的适当方法。

蒙特卡洛法也可用来验证 GUM 不确定度框架，从而在任何特定的应用中，确认 GUM

的应用是适合其用途的。该方法表明 GUM 不确定性框架是无效时，该方法本身随后可以用来进行不确定度评定，替代 GUM 不确定性框架，因为它与 GUM 的一般原则是一致的。

1.4 JJF 1059.2—2012 起草的技术基础

JJF 1059.2—2012《用蒙特卡洛法评定测量不确定度》（以下简称 JJF 1059.2—2012）完全参照国际标准 ISO/IEC GUIDE98 –3/Suppl.1:2008《测量不确定度 第 3 部分 测量不确定度表示指南（GUM:1995）附件 1:用蒙特卡洛方法传播概率分布》，在翻译和吃透其内容的基础上编制的。具体是在吃透原国际标准的文本内容的基础上，按照我国计量技术规范体系的结构要求，突出简洁明了和方便操作的考虑，做了大的结构体系上的调整，以及文字内容上的再加工，但在主要的技术内容细节上都保持与原国际标准的文本稿一致。为突出蒙特卡洛法传播概率分布及其评定和表示单一输出量的测量不确定度这一主线，其他知识性内容，如常见的概率分布、分布传播基本原理、GUM 法和 MCM 比较和应用实例的内容作为补充件放至附录部分。

1.5 JJF 1059.2—2012 起草过程

2010 年 3 月，组成起草小组，并在北京召开了第一次会议，就起草原则进行了讨论。2010 年 6 月 21 日，起草小组在江苏昆山召开了第二次会议，针对提交的 JJF 1059.2 稿进行了讨论，提出了修改意见。起草小组一致认为，JJF 1059.2 稿需要保留 ISO/IEC GUIDE 98 –3 附件 1 的核心内容，但不能照搬附件 1 的内容体系结构，在内容和文体上都要做较大删减和变动，突出其可操作性，并将 JJF 1059.2 的标题名称调整为“用蒙特卡洛法评定测量不确定度”。

2010 年 6 月至 2011 年 2 月，形成了规范草稿。2011 年 2 月至 5 月广泛征求意见，共收到 16 份反馈意见。2011 年 6 月至 2012 年 3 月，在征求意见的基础上，对规范草稿进行了修改，形成了 JJF 1059.2《用蒙特卡洛法评定测量不确定度》的送审稿。2012 年 11 月，全国法制计量管理计量技术委员会对规范送审稿进行了审定。起草小组在对审查提出的意见进行修改后，于 2012 年 12 月形成 JJF 1059.2—2012 的终稿。

1.6 JJF 1059.2—2012 适用范围

JJF 1059.2—2012 为测量不确定度评定提供了一个通用的数值方法，适用于具有任意多个可由 PDF 表征的输入量和单一输出量的模型。JJF 1059.2—2012 主要涉及有明确定义的，并可用唯一值表征的被测量估计值的不确定度。

评定以下典型情况的测量不确定度问题时，可应用 JJF 1059.2—2012：

（1）各输出量不确定度分量的大小不相近；

(2)输出量的估计值和其标准不确定度的大小相当；

(3)应用不确定度传播律时，计算模型的偏导数困难或不方便；

(4)输出量的 PDF 较大程度地背离正态分布、t 分布；

(5)测量模型明显呈非线性；

(6)输入量的 PDF 明显非对称。

第 2 章　测量不确定度评定

一个测量不确定度评定应包括：

(1)有关模型和所有输入量的相关信息；

(2)输出量的估计，该估计的标准不确定度和输出量的包含区间两者中的一个或两个；

(3)这些结果确定的方式，包括所有的假设。

因此，测量不确定度评定包括三个阶段。

第一阶段，建立公式，这个阶段的组成部分分为两个步骤：

(1)建立输出量与输入量之间的数学模型；

(2)分析测量不确定度的来源。

GUM 法中输入量的信息以输入量的最佳估计值和其相关的标准不确定度表示；

蒙特卡罗法评定测量不确定度中输入量的信息以概率分布的形式表示。

第二阶段，传播。

GUM 法中，应用不确定度传播律传播输入量的最佳估计值和其标准不确定度获得输出量的估计值及其测量不确定度；

蒙特卡罗法评定测量不确定度中，以分布传播的方式，使用建模阶段所提供的信息以确定输出量的 PDF。

第三阶段，总结。

GUM 法中，所需结果包括输出量的估计值，标准不确定度和扩展不确定度。

蒙特卡洛法评定测量不确定度中，使用输出量的 PDF 以获得：

(1)输出量的期望，作为输出量的估计值；

(2)输出量的标准偏差，作为输出量的估计值的标准不确定度；

(3)规定包含概率下的输出量的包含区间。

2.1　建立公式阶段

2.1.1　测量模型

在测量不确定度评定中，建立测量模型也称为测量模型化，目的是要建立满足测量不确定度评定所要求的测量模型。被测量(输出量)的测量模型是指被测量与测量中涉及的所有已知量间的数学关系。

测量模型中应包含所有应该考虑的影响量，而每一个影响量将对被测量估计值贡献一个值得考虑的不确定度分量。因此一个好的测量模型，其中所包含的影响量和此后不确定度评定中所考虑的每一个不确定度分量应该是一一对应的。每一个不确定度分量对应一个输入量，这样建立起来的测量模型，既能用来计算被测量估计值，又能用来全面地评定测量结果的不确定度。

输入量和输出量之间的基本关系是模型。N 个输入量，记为 $\boldsymbol{X}=(X_1,\cdots,X_N)^T$ 和输出量 Y 之间的关系可用如下模型表示

$$Y=f(\boldsymbol{X})=f(X_1,\cdots,X_N) \tag{2.1}$$

该模型可以是一个数学公式，分段计算程序，计算机软件或其他方法。这是 GUM 和 JJF 1059.2—2012 中直接考虑的模型。

测量模型中的输入量可以是：

(1)当前直接测量的量；

(2)由以前测量获得的量；

(3)由手册或其他资料得来的量；

(4)对被测量有明显影响的量。

如果测量模型中某些输入量它们本身又是其他量的函数，则在 MCM 中，测量模型应表示成由基本量所组成，这是因为蒙特卡洛计算的基本出发点就是每个量都用 PDF 来描述。

例：测量模型为：$P=C_0I^2/(t+t_0)$，其中，$I=V_s/R_s$，$t=\alpha\beta^2R_s^2-t_0$。

在 GUM 法中，$I=V_s/R_s$ 中，V_s 和 R_s 为 I 的输入量，利用 V_s 和 R_s 的最佳估计值和其标准不确定度可确定 I 的最佳估计值和其标准不确定度。同样，$t=\alpha\beta^2R_s^2-t_0$ 中，β 和 R_s 为 t 的输入量，利用 β 和 R_s 的最佳估计值和其标准不确定度可确定 t 的最佳估计值和其标准不确定度。I 和 t 作为输出量 P 的输入量，最终可确定 P 的最佳估计值和其标准不确定度。

在蒙特卡洛法中，测量模型应表示成基本量的函数，这里应将 I 和 t 的函数代入到测量模型中，即

$$P=\frac{C_0V_s^2}{\alpha\beta^2R_s^4}$$

其中，输入量变为 V_s、R_s 和 β。它们都是基本量，不是其他量的函数。

建立好测量模型后，有必要用概率密度函数(PDF)来表征测量模型中的输入量。在 GUM 不确定度框架中，只使用这些分布表征的输入量的期望和标准偏差，必要时，还有协方差。对于蒙特卡洛法，则使用这些分布本身。表征输入量的 PDF 与关于这些输入量的可用信息有关。这种可用信息有下面两种类型。

一是若可得到 q 个相互独立的示值，这些值的平均值可看做是某个量 X_i 的结果，这个量的期望和标准偏差未知。对这些值进行统计分析，确定 X_i 的一个估计值 x_i 和其标准不确定度 $u_i=u(x_i)$ 以及相应的自由度 ν_i。这些就是 GUM 不确定度框架中使用的参数。为了应用蒙特卡洛法，利用这些参数构造一个 PDF 来表征 X_i。对重复示值的分析，如何获得一个 PDF 来表征输入量参阅 2.1.2 节。在 GUM 中，这些信息的使用称作“A 类不确定度评定”。

二是如果不能得到重复示值，用该输入量的相关信息为基础构造的 PDF 来表征输入量 X_i。这样的信息可以是先验知识、经验或前一次不确定度评定的结果。在蒙特卡洛法中直接使用该 PDF。为应用 GUM 不确定度框架，利用该 PDF 确定 x_i，u_i 和 ν_i。2.1.3 节中给出了根据这些信息确定的一些常见的 PDF。在 GUM 中这类信息的使用称作“B 类不确定度评定”。

如果其中一些输入量或所有输入量之间不相互独立，则在 GUM 不确定度框架中，计算

相关输入量的估计值的协方差矩阵。而对于蒙特卡洛法，这些相关的输入量用一个联合 PDF 表征。

2.1.2　基于重复示值的分析

重复示值的统计分析可分成两部分：

(1)给定期望未知的某个量 X_i 的一组独立重复示值，确定 X_i 的一个估计值，该估计值的标准不确定度 u_i，以及相应的自由度 ν_i。

(2)给定期望未知的两个量 X_i 和 X_j 的一组示值，确定这 X_i 和 X_j 的估计值 x_i 和 x_j 的协方差。

2.1.2.1　均值和其标准偏差

若独立重复得到期望未知的某个量 X_i 的 q 个示值($x_{i,1},x_{i,2},\cdots,x_{i,q}$)。分别确定 X_i 的估计值 x_i 和其标准不确定度 u_i。这些示值的算术平均值 $\bar{x}_i$ 作为 X_i 的估计值，$\bar{x}_i$ 的标准偏差 s_i 为 x_i 的标准不确定度。

$$\bar{x}_i = \frac{1}{q}\sum_{k=1}^{q} x_{i,k} \tag{2.2}$$

$$s(x_i) = \sqrt{\frac{1}{q(q-1)}\sum_{k=1}^{q}(x_{i,k}-\bar{x}_i)^2}$$

$$s_i = s(\bar{x}_i) = \frac{s(x_i)}{\sqrt{m}} \tag{2.3}$$

自由度 $\nu_i = q-1$。式中，m 由检定规程、检验规程、试验规范、检测作业指导书等技术标准规定给出。

给定按式(2.2)和式(2.3)获得的估计值 $\bar{x}_i$ 及其标准不确定度 s_i，可按如下方法确定 X_i 的一个 PDF：

(1)如果示值的分布未知，则用高斯分布 $N(\bar{x}_i,s_i^2)$ 来表征 X_i(3.3 节)；

(2)如果示值的分布已知为高斯分布，则用自由度为 $v_i = q-1$ 的 t 分布 $t_{v_i}(\bar{x}_i,s_i^2)$ 表征 X_i(3.10 节)。

这是蒙特卡洛法所需的信息。为了实施蒙特卡洛法，5.4.2 节和 5.4.3 节分别给出了从这些分布如何产生伪随机数的方法。

2.1.2.2　两个均值之间的协方差

设$(x_{i,k},x_{j,k})^T$，$k=1,2,\cdots,q$ 为期望未知的两个量 X_i 和 X_j 的 q 对示值，每对都与剩余其他对相互独立。对于 X_i 的一组示值($x_{i,1},x_{i,2},\cdots,x_{i,q}$)，按式(2.2)和式(2.3)获得均值 $\bar{x}_i$ 及其标准不确定度 s_i 分别作为 X_i 的估计值 x_i 和其标准不确定度 u_i，以相同的方式可得到 X_j 的估计值 x_j 和其标准不确定度 u_j。X_i 和 X_j 的协方差取为均值 $\bar{x}_i$ 和 $\bar{x}_j$ 的协方差 $u_{i,j}$：

$$u_{i,j} = u(\bar{x}_i,\bar{x}_j) = \frac{1}{q(q-1)}\sum_{k=1}^{q}(x_{i,k}-\bar{x}_i)(x_{j,k}-\bar{x}_j) \tag{2.4}$$

2.1.2.3　输入量间的协方差矩阵

设$(x_{1,k},x_{2,k},\cdots,x_{N,k})^T$ 为 N 个期望未知的量 X_i 的 q 个 N 元示值，$k=1,2,\cdots,q$，$i=1,2,$

$\cdots,N$,每个 N 元都与剩余其他 N 元相互独立。这些 N 元示值组合成一个 $N\times q$ 维的矩阵 $\boldsymbol{\Phi}$,即

$$\boldsymbol{\Phi}=\begin{bmatrix} x_{1,1} & x_{1,2} & \cdots & x_{1,q} \\ x_{2,1} & x_{2,2} & \cdots & x_{2,q} \\ \vdots & \vdots & \ddots & \vdots \\ x_{N,1} & x_{N,2} & \cdots & x_{N,q} \end{bmatrix}$$

式中,$x_{i,j}$为第 i 个输入量的第 j 个示值。

设 $\boldsymbol{\Phi}'$为用均值修正 $\boldsymbol{\Phi}$ 而得到,即 $\boldsymbol{\Phi}$ 的第 i 行的所有元素 $x_{i,j}, j=1,2,\cdots,q$ 减去该行所有元素的均值 $\bar{x}_i$,即

$$\boldsymbol{\Phi}'=\begin{bmatrix} x_{1,1}-\bar{x}_1 & x_{1,2}-\bar{x}_1 & \cdots & x_{1,q}-\bar{x}_1 \\ x_{2,1}-\bar{x}_2 & x_{2,2}-\bar{x}_2 & \cdots & x_{2,q}-\bar{x}_2 \\ \vdots & \vdots & \ddots & \vdots \\ x_{N,1}-\bar{x}_N & x_{N,2}-\bar{x}_N & \cdots & x_{N,q}-\bar{x}_N \end{bmatrix}$$

均值 $\bar{x}=(\bar{x}_1,\bar{x}_2,\cdots,\bar{x}_N)^T$ 的协方差 $u_{i,j}$的协方差矩阵 U_x 由下式给出

$$U_x=\frac{1}{q(q-1)}\boldsymbol{\Phi}'(\boldsymbol{\Phi}')^T \tag{2.5}$$

即

$$u_{i,j}=\frac{1}{q(q-1)}\sum_{k=1}^{q}(x_{i,k}-\bar{x}_i)(x_{j,k}-\bar{x}_j), i=1,2,\cdots,N, j=1,2,\cdots,N$$

输入量 $\boldsymbol{X}$ 的估计值 $x=\bar{x}$ 及其协方差矩阵 U_x 就是 GUM 不确定度框架所要求的信息。

给定 $\boldsymbol{X}$ 的估计值 $\bar{x}$ 及其协方差矩阵 U_x,可用多元高斯分布 $N(\bar{x},U_x)$ 来表征 $\boldsymbol{X}$。这是 MCM 所要求的信息。5.4.6 节给出了从多元高斯分布如何产生伪随机数的方法。

2.1.3 基于其他可用信息的分析

如果对某输入量的了解是建立在非统计信息的基础上,这个量可用根据该信息的性质设定的一个 PDF 表征。对于蒙特卡洛法,直接使用该 PDF。

设定适当的概率分布(矩形,高斯等)给模型的输入量,是蒙特卡洛法评定不确定度的建模阶段的一个具有挑战性的一步。具体如何为输入量设定 PDF,详见第 3 章。基于可用信息,表 2.1 给出了 GUM 不确定度框架中所使用的估计值 x_i 和其标准不确定度 u_i 以及相应的自由度 ν_i。

表 2.1 一些常见的情况下,现有资料的基础上设定 PDF 给输入量 X

分布	x_i	u_i	ν_i
矩形 $R(a,b)$	$\frac{a+b}{2}$	$\frac{b-a}{2\sqrt{3}}$	∞
高斯 $N(\mu,\sigma^2)$	μ	σ	∞
曲线梯形 CTrap(a,b,d)	$\frac{a+b}{2}$	$\frac{b-a}{2\sqrt{3}}$	$\frac{1}{2}\left[\frac{b-a}{2d}\right]^2$
反正弦 $U(a,b)$	$\frac{a+b}{2}$	$\frac{b-a}{2\sqrt{2}}$	∞

例如,假设对于某个量 X_i 的可用信息仅仅为其下限为 a,上限为 b,$a<b$,则 X_i 用区间 $[a,b]$ 内矩形分布 $R[a,b]$ 来表征(3.5 节)。5.4.1 节给出了从该分布如何产生伪随机数的方法。对于这个分布,

$$x_i=\frac{a+b}{2},u_i=\frac{b-a}{2\sqrt{3}},\nu_i=\infty$$

这些就是 GUM 不确定度框架中所要求的信息。对于其他不同 PDF 表征的某个量 X_i,以相同的方式应用表 2.1。

2.2 传播阶段

GUM 法中,应用不确定度传播律传播输入量的最佳估计值和其相关的标准不确定度获得输出量的估计值及其不确定度;

蒙特卡洛法评定测量不确定度中,以分布传播的方式,使用建模阶段所提供的信息以确定输出量的 PDF。

2.2.1 不确定度传播律

2.2.1.1 仅含一阶项的不确定度传播律

测量模型

$$Y=f(\boldsymbol{X})=f(X_1,\cdots,X_N)$$

输出量的估计值为

$$y=f(x_1,x_2,\cdots,x_N)$$

被测量的估计值 y 的标准不确定度 $u(y)$ 按下式计算:

$$u(y)=\sqrt{\sum_{i=1}^{N}c_i^2u^2(x_i)+2\sum_{i=1}^{N-1}\sum_{j=i+1}^{N}c_ic_jr(x_i,x_j)u(x_i)u(x_j)} \tag{2.6}$$

此式为不确定度传播律。

式中:y 是被测量 Y 的估计值,又称输出量;

x_i 是个输入量的估计值。

$c_i=\left.\frac{\partial f}{\partial X_i}\right|_{X=x}$ 是灵敏系数,通常是对测量函数 f 在 $X_i=x_i$ 处取偏导数得到。灵敏系数是一个有符号和单位的量值,它表明了输入量 x_i 的不确定度 $u(x_i)$ 影响被测量估计值的不确定度 $u(y)$ 的灵敏程度。

$u(x_i)$ 是输入量 x_i 的标准不确定度;

$r(x_i,x_j)$ 是输入量 x_i 与 x_j 的相关系数,$r(x_i,x_j)u(x_i)u(x_j)=u(x_i,x_j)$ 是输入量 x_i 与 x_j 的协方差。

式(2.6)是计算合成标准不确定度的通用公式,当输入量间相关时,需要考虑它们的协方差。

若各输入量间均不相关时,相关系数为零。被测量的估计值的合成标准不确定度为

$$u(y)=\sqrt{\sum_{i=1}^{N}c_i^2u^2(x_i)} \tag{2.7}$$

式(2.6)用协方差表示,可写成

$$u^2(y)=\sum_{i=1}^{N}\sum_{j=1}^{N}c_iu(x_i,x_j)c_j \tag{2.8}$$

若定义协方差组成的 $N\times N$ 维不确定度矩阵

$$U_x=\begin{bmatrix}u(x_1,x_1) & \cdots & u(x_1,x_N)\\ \vdots & \ddots & \vdots\\ u(x_N,x_1) & \cdots & u(x_N,x_N)\end{bmatrix} \tag{2.9}$$

以及灵敏系数组成的 $1\times N$ 行向量

$$c^T=[c_1,c_2,\cdots,c_N]$$

则和的形式(2.8)可写成如下形式,可避免双指标求和的计算

$$u^2(y)=c^TU_xc \tag{2.10}$$

2.2.1.2　含高阶项的不确定度传播律

GUM 指出,当测量模型的非线性显著时,测量模型的泰勒级数展开的高阶项必须纳入。下面给出了单一输入量的测量模型的情况下的详细推导。多个输入量的一般结果概念上简单,但代数上复杂,这里就不做推导。

考虑测量系统的模型由单一的输入量(实)X 和输出量 Y 的函数关系给出,其形式为

$$Y=f(X)$$

设 x 表示 X 估计(X 的期望),$u=u(x)$ 为 x 的标准不确定度(X 的标准偏差)。定义随机变量 δX 和 δY

$$X=x+\delta X,\quad Y=y+\delta Y=f(x+\delta X)$$

其中

$$y=f(x)$$

δX 的期望为

$$E(\delta X)=0$$

和 δX 的方差

$$\mathrm{Var}(\delta X)=u^2$$

因

$$\mathrm{Var}(\delta X)=E\Big((\delta X)^2\Big)-\Big(E(\delta X)\Big)^2$$

因此

$$E\Big((\delta X)^2\Big)=u^2$$

首先,考虑模型 f 有关估计值 x 的一阶泰勒级数近似,即

$$y+\delta Y=f(x)+f'(x)\delta X$$

则

$$\delta Y=f'(x)\delta X,\quad (\delta Y)^2=\Big(f'(x)\Big)^2(\delta X)^2$$

两边取期望,

$$E(\delta Y)=f'(x)E(\delta X)=0$$

和

$$E(\delta Y)^2=\left(f'(x)\right)^2E(\delta X)^2=\left(f'(x)\right)^2u^2$$

因此

$$E(Y)=y+E(\delta Y)=y \tag{2.11}$$

和

$$\mathrm{Var}(Y)=E\left((\delta Y)^2\right)-\left(E(\delta Y)\right)^2=\left(f'(x)\right)^2u^2 \tag{2.12}$$

式(2.11)表明,测量模型在线性近似基础上,Y 的期望为 $y=f(x)$。式(2.12)是不确定度传播律(2.6)应用于 $N=1$ 的一元模型的一个特殊情况。

现在考虑模型 f 有关估计 x 的三阶泰勒级数近似,即

$$y+\delta Y=f(x)+f'(x)\delta X+\frac{1}{2}f''(x)(\delta X)^2+\frac{1}{6}f'''(x)(\delta X)^3$$

$$\delta Y=f'(x)\delta X+\frac{1}{2}f''(x)(\delta X)^2+\frac{1}{6}f'''(x)(\delta X)^3 \tag{2.13}$$

则二阶近似

$$\delta Y=f'(x)\delta X+\frac{1}{2}f''(x)(\delta X)^2$$

四阶近似,即式(2.13)两边平方,并舍掉四阶以上的高阶项,得到

$$(\delta Y)^2=(f'(x))^2(\delta X)^2+f'(x)f''(x)(\delta X)^3+\left(\frac{1}{4}\left(f''(x)\right)^2+\frac{1}{3}f'(x)f'''(x)\right)(\delta X)^4$$

取期望,

$$E(\delta Y)=f'(x)E(\delta X)+\frac{1}{2}f''(x)E(\delta X)^2=\frac{1}{2}f''(x)u^2$$

和

$$E\left((\delta Y)^2\right)=\left(f'(x)\right)^2E\left((\delta X)^2\right)+f'(x)f''(x)E\left((\delta X)^3\right)$$
$$+\left(\frac{1}{4}\left(f''(x)\right)^2+\frac{1}{3}f'(x)f'''(x)\right)E\left((\delta X)^4\right)$$

假设设定给 X 的分布为高斯分布 $N(x,u^2)$,则 δX 的分布为高斯分布 $N(0,u^2)$,可得到

$$E\left((\delta X)^3\right)=0,E\left((\delta X)^4\right)=3u^4$$

因此

$$E(Y)=y+E(\delta Y)=y+\frac{1}{2}f''(x)u^2 \tag{2.14}$$

和

$$\mathrm{Var}(Y)=E\left((\delta Y)^2\right)-\left(E(\delta Y)\right)^2$$
$$=\left(f'(x)\right)^2u^2+3\left(\frac{1}{4}\left(f''(x)\right)^2+\frac{1}{3}f'(x)f'''(x)\right)u^4-\frac{1}{4}\left(f''(x)\right)^4u^4$$

即

$$\mathrm{Var}(Y)=\left(f'(x)\right)^2u^2+\left(\frac{1}{2}\left(f''(x)\right)^2+f'(x)f'''(x)\right)u^4 \tag{2.15}$$

式(2.14)表明,基于测量模型的高阶近似获得的 Y 的期望不再是 y,即输入量估计 x 处计算模型获得的 y 值一般不等于 Y 的期望。$f(x)$ 提供了输出量的一个估计,而这一估计可能是有偏差的,虽然预期在许多情况下该偏差可以忽略不计。由式(2.14)可知,如果模型是轻度非线性或输入量的估计值的不确定度较小时,Y 的期望接近于 y。式(2.15)可以用来评定考虑了测量模型的高阶泰勒级数近似时估计 y 的标准不确定度。

不同于基于一个模型的线性化的式(2.6),式(2.15)的推导需要知道设定给 X 的分布的知识。例如,若 X 的分布设定为矩形分布,会得到不同的结果,因为 $E\left((\delta X)^4\right)=9/5u^4$。公式(2.15)给出的结果可推广到多个输入量,如式(2.16)所示。

$$u(y)=\sqrt{\sum_{i=1}^{N}\left[\frac{\partial f}{\partial x_i}\right]^2u^2(x_i)+\sum_{i=1}^{N}\sum_{j=1}^{N}\left[\frac{1}{2}\left(\frac{\partial^2 f}{\partial x_i\partial x_j}\right)^2+\frac{\partial f}{\partial x_i}\frac{\partial^3 f}{\partial x_i\partial x_j^2}\right]u^2(x_i)u^2(x_j)} \tag{2.16}$$

式(2.16)要求输入量相互独立且设定为高斯分布。

例1 输出量估计 $f(x_1,\cdots,x_n)$ 的偏差

考虑简单的模型:$Y=X^2$,X 是期望为零,标准偏差为 u 的高斯分布表征,来说明输出量估计 $f(x_1,\cdots,x_n)$ 的偏差。X 的期望是零,X 的期望作为 X 的最佳估计值,因此相应的输出量 Y 的值也为零。然而,Y 的期望不可能是零,因为 $Y\geqslant 0$,只有当 $X=0$ 时等号才成立。事实上,表征 Y 的概率分布其实是一个自由度为1的 χ^2 分布。

图2.1显示了输入输出模型来说明“不确定度传播”。该模型有三个输入量 $\boldsymbol{X}=(X_1,X_2,X_3)^T$,其中 X_i 的估计值为 x_i,其标准不确定度为 $u(x_i)$。它有单一的输出量 $Y\equiv Y_1$,估计值为 $y=y_1$,其标准不确定度为 $u(y)=u(y_1)$。在一个更复杂的情况下,输入量之间若是相关的,将需要更多的信息来量化其相关性。

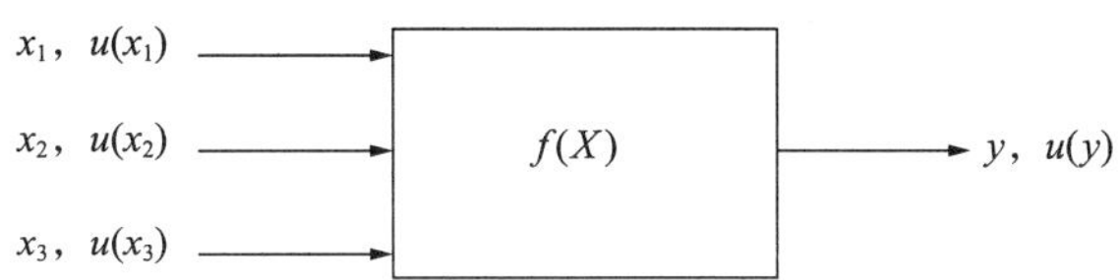

图2.1 输入输出模型,说明不确定度的传播

2.2.2 分布传播

在GUM不确定度框架中,通过不确定度传播律,传播输入量的最佳估计值及其标准不确定度,得到输出量的最佳估计值和其合成标准不确定度。而在蒙特卡洛法评定测量不确定度中,给定模型 $Y=f(X)$,其中 $X=(X_1,\cdots,X_N)^T$,和输入量 X_i 的 PDF$g_{X_i}(\xi_i)$,$i=1,\cdots,N$(或分布函数 $G_{X_i}(\xi_i)$),确定输出量 Y 的 PDF$g(\eta)$(或分布函数 $G(\eta)$)。图2.2显示了输入量PDF(或相应的分布函数)通过模型传播,提供输出量的PDF(或分布函数)。该模型具有三个输入量 $X=(X_1,X_2,X_3)^T$,其中 X_1 设定一个高斯 PDF$g_{X_1}(\xi_1)$,X_2 三角 PDF$g_{X_2}(\xi_2)$ 和 X_3(不同的)高斯 PDF$g_{X_3}(\xi_3)$。单输出量 $Y\equiv Y_1$ 说明为不对称,但可能为非线性模型,其中一个或多个输入量的PDF中有一个的标准偏差比较大。

当输入量相关时,不是给 N 个输入量分别设定 PDF$g_{X_i}(\xi_i)$,而是给相关的输入量设定

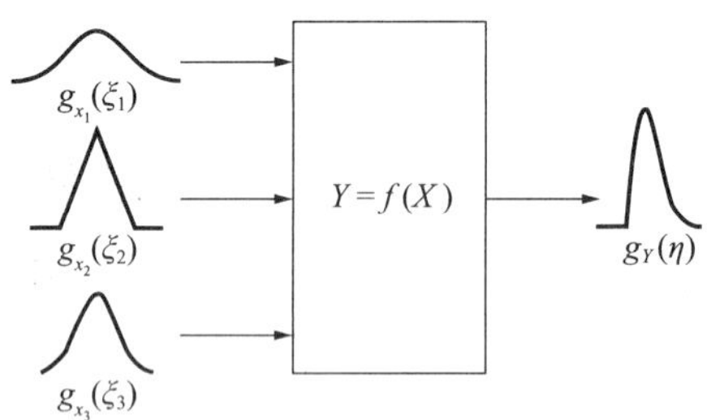

图 2.2　输入输出模型,说明分布的传播

联合 PDF$g_X(\xi)$,其中 $\xi=(\xi_1,\cdots,\xi_N)^T$。一个联合 PDF 的例子是多元高斯 PDF。在实际工作中,联合 PDF 可能是不可分解的。例如,在电、声、光计量的一些分支中,输入量可能是复数。每个这样变量的实部和虚部一般都是相关的。在 JJF 1059.2—2012 中,输入量相关的情况,只考虑多元高斯 PDF。

输出量 Y 的 PDF$g_Y(\eta)$一般不能表示成简单或甚至封闭的数学形式。Y 的 PDF$g_Y(\eta)$的计算公式一般可表示为

$$g_Y(\eta)=\int\int\cdots\int g_X(\xi)\delta\left(y-f(\xi)\right)\mathrm{d}\xi_N\mathrm{d}\xi_{N-1}\cdots\mathrm{d}\xi_1 \tag{2.17}$$

式中 $\delta(y)$表示狄拉克 δ(Dirac Delta)函数,即

$$\delta(y)=\begin{cases}1,y=0\\0,\text{其他}\end{cases}$$

确定 $g_Y(\eta)$或 $G_Y(\eta)$的方法在第 4 章处理。因 $g_Y(\eta)$和/或 $G_Y(\eta)$的确定既有非常简单的也有极其困难的,这取决于模型和输入量的 PDF 的复杂性,因此存在几种方法。

2.3　总结阶段

在 GUM 中,以一定的格式报告的是输出量的最佳估计值 y 及其合成标准不确定度 $u_c(y)$ 或扩展不确定度 U。尽管 $u_c(y)$可以广泛用于表示输出量估计值的不确定度,但在某些商业、工业和法规的应用中以及涉及健康和安全时,通常有必要提供一个不确定度的度量,给出测量结果的一个区间,可期望该区间包含了能合理赋予被测量之值分布的大部分,该区间称作包含区间。

在 JJF 1059.2—2012 中,包含区间定义为:基于可获信息确定的包含某量的值的区间,量值以一定概率落在该区间内。

因此,对计量人员而言,更重要的不确定度信息是对应指定包含概率的包含区间,例如,一个区间预期包含赋予输出量的值的 95%。但 GUM 中缺乏一般性的程序,以获得规定概率下的包含区间。GUM 中,获得包含区间的一个途径就是扩展不确定度。

在蒙特卡洛评定测量不确定度的总结阶段,输出量 PDF(或相应的分布函数)用于获取输出量的估计,标准不确定度,以及给定包含概率下的输出量的包含区间。需要重申的一点是,一旦输出量 Y 的 PDF(或分布函数)已获得,任何涉及 Y 的统计信息都可以从它产生,当然也包括给定包含概率下的输出量的包含间区。

确定输出量的估计值的标准不确定度与输出量的包含区间所需信息的性质之间有一

个重要的区别。

知道输出量的分布可确定期望和标准不确定度(标准偏差)。反之不正确。

例2 从分布可推导出期望和标准偏差,但反之,不行。

考虑一个随机变量 X,以相同的概率取两个值 a 和 $b(b>a>0)$。X 的期望是 $\mu=(a+b)/2$,X 的标准偏差为 $\sigma=(b-a)/2$。然而,由于只给定值 μ 和 σ,无法确定随机变量 X 的分布。若假设 X 的分布为高斯分布,则可得到结论,区间 $\mu\pm1.96\sigma$ 含有分布的95%。因为,X 的两个值 a 和 b 肯定位于区间 $\mu\pm1.96\sigma$ 内,因此,该区间包含分布的100%。事实上,区间 $\mu\pm\sigma$ 也包含分布的100%,其长度大约是区间 $\mu\pm1.96\sigma$ 的长度的一半。

虽然知道输出量的期望和标准不确定度,这很有价值,但没有进一步的信息,确定其值是以何方式分布的。如果考虑的分布为高斯分布,输出量的分布可以完全描述,因期望和标准偏差可完全表征高斯分布。一些分布需要额外的参数来描述。例如,除了期望和标准偏差,表示出 t 分布还需要自由度。

2.3.1 由包含因子和假设的分布函数确定包含区间

在下列条件成立的情况下,GUM 法可获得扩展不确定度 $U_p=k_pu(y)$,其中 y 为输出量 Y 的估计值,而 $u(y)$ 为 y 的标准不确定度。对于估计 y,这个值 U_p 定义了指定的包含概率 p 下的区间 $[y-U_p,y+U_p]$。

在下列条件成立的情况下,GUM 法可获得扩展不确定度:

(1)被测量 Y 的估计值 y 是由相当多个输入量 X_i 的估计值 x_i 得到的,X_i 可用良好的概率分布描述,例如正态分布和矩形分布;

(2)这些输入估计值的标准不确定度 $u(x_i)$,可以由 A 类或 B 类评定,对测量结果 y 的标准不确定度 $u(y)$ 的贡献量大小是可比的;

(3)由不确定度传播律隐含的线性近似是适当的;

(4)$u(y)$ 的不确定度是合理的且很小,因为它的有效自由度 v_{eff} 具有足够大的值,可以说大于10。

在这些情况下,由测量结果及其标准不确定度表征的概率分布可以假设为正态的,因为符合中心极限定理;因为 ν_{eff} 足够大,$u(y)$ 可以用正态分布的标准偏差的合理可靠的估计值表示。

在上面列出的条件中,有些说法比较模糊,比如

——“相当多个输入量”;

——“良好的概率分布”;

——x_i 的标准不确定度贡献的大小是可比的,也就是,输入量的估计值相关的标准不确定度乘以其对应的灵敏系数后,其大小相当;

——线性近似是适当的;

——输出量不确定度的不确定度是合理的且很小。

值得关注的是,因为这些考虑都没有明确的量化,不同的人员可能会对相同的情况采用不同的解释,从而造成结果的分歧。

同时,在总结确定这一包含区间的建议上,GUM G.6.1 指出:

“如果对每个输入量的概率分布有广泛的了解以及如果这些分布合成得到输出量的分

布,才能找到提供了一个具有接近于规定值的置信的水平的区间的包含因子 k_p。这里仅有估计值 x_i 及其标准不确定度 $u(x_i)$ 还是不够的。”

此外,GUM G.6.2 说明:

“由于合成概率分布所需的复杂计算是很难用可用的信息的范围和可靠性来证明的,故采用输出量的近似分布。根据中心极限定理,通常假设 $(y-Y)/u_c(y)$ 的概率分布是 t 分布,并取 $k_p=t_p(\nu_{\text{eff}})$,$t$ 因子是基于韦尔奇—萨特思韦特公式求出的 $u_c(y)$ 的有效自由度。”

是否满足中心极限定理是需要调查研究的。可接受的事实是,通常假设 $(y-Y)/u_c(y)$ 的 PDF 是 t 分布完全是足够的。但困难在于决定什么时间可做该假设。GUM 在这方面没有提供具体的指导。当可以证明是合理时,就可由包含因子和分布函数的假设形式确定包含区间,但建议存在任何疑问的情况下,应采用第 6 章的验证方法。

2.3.2　由分布函数确定包含区间

如果分布函数是已知的,可以得到一个包含区间。

给定一个 PDF$g_Y(\eta)$ 和包含概率 p,包含区间是一个这样的区间,$g_Y(\eta)$ 位于其端点之间的比例等于 p。

给定一个随机变量 Y 的 PDF$g_Y(\eta)$,其分布函数为 $G_Y(\eta)$,α 分位数是这样的值 η_α,使得

$$G_Y(\eta_\alpha) = \int_{-\infty}^{\eta_\alpha} G_Y(\eta)\,\mathrm{d}\eta = \alpha \tag{2.18}$$

即位于值 η_α 左边的 $g_Y(\eta)$ 的比例等于 α。如图 2.3 所示。

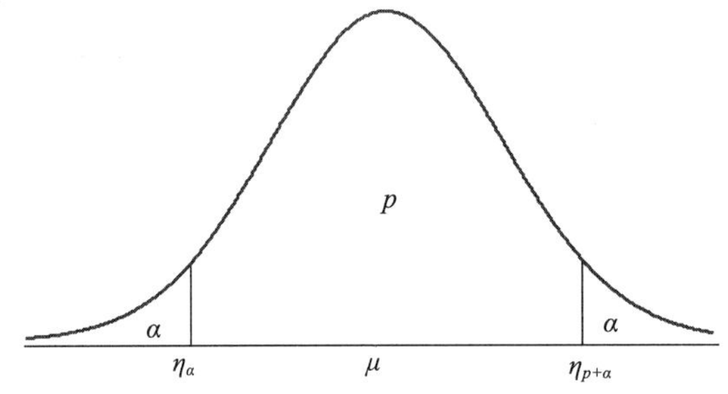

图 2.3　分位数表示的示意图

例如,考虑确定 0.025 分位数和 0.975 分位数。可能值的 2.5% 位于 0.025 分位数的左侧,和可能值的 2.5% 位于 97.5 分位数的右侧。因此,95% 的该量的可能值介于这两个分位数之间。这些点从而构成了这个量的 95% 包含区间的端点。

因此,一个 100p% 包含区间为 $[\eta_\alpha,\eta_{\alpha+p}]$,$\alpha$ 为零和 $1-p$ 之间的任何值,即一个 100p% 包含区间的两个端点分别是 α 分位数和 $(\alpha+p)$ 分位数。

分布的 0.025 分位数,可以看作是一个点,位于小于期望的若干个标准偏差之处,0.975分位数也作为一个点,位于大于期望的若干个标准偏差之处。所取的标准偏差的倍数取决于某个分布,该倍数称为包含因子。它们还取决于所需的包含区间,如 90%,95%,99.8% 包含区间等。

对于高斯和 t 分布,确定标准偏差的倍数一般可通过查表或通过软件计算得到。而在 GUM 的大多数诠释中,模型输出量由高斯分布或 t 分布表征。因这些分布相对于期望是对称的,一对分位数总和为 1 的包含因子,如上述的 0.025 分数位和 0.975 分位数,是相同的。

但这结论一般不适用于非对称的概率分布。事实上，包含因子的概念在非对称情况下不适用。

由式(2.18)可知，为确定分位数，一般有必要计算分布函数 G 的逆 G^{-1}。由逆分布 $G_Y^{-1}(\alpha)$ 可获得对应于指定的分位数的 Y 的值

$$\eta_\alpha = G_Y^{-1}(\alpha)$$

因此，一个 $100p\%$ 包含区间的两个端点分别是 $G_Y^{-1}(\alpha)$ 和 $G_Y^{-1}(\alpha+p)$。

对于一些众所周知的分布，如高斯和 t 分布，用于此目的的软件在统计和其他许多库中都可得到，比如 Matlab，Excel 等。另外，$\eta_\alpha = G_Y^{-1}(\alpha)$ 的值可以由解方程 $G_Y(\eta_\alpha) - \alpha = 0$ 的根而确定。或者 $G_Y(\eta)$ 在足够多的 η 值处提前制成表格，对任何所需的 α 值，逆插法用于确定一个近似值 $\eta_\alpha = G_Y^{-1}(\alpha)$。

即使在对称的情况下，包含区间也不是唯一的。假设概率密度函数 $g_Y(\eta) = G'_Y(\eta)$ 是单峰的，和给定一个值 α，$0<\alpha<1$。考虑任何区间 $[a,b]$ 满足

$$G_Y(b) - G_Y(a) = \int_a^b g_Y(\eta)\mathrm{d}\eta = 1 - \alpha$$

然后

(1) $[a,b]$ 为 $100(1-\alpha)\%$ 包含区间。例如，如果 a 和 b 使得

$$G_Y(b) - G_Y(a) = 0.95$$

95% 的可能值 η 介于 a 和 b 之间。

(2) 最短包含区间由 $g_Y(a) = g_Y(b)$ 给出。a 位于众数($g_Y(\eta)$ 最大时的值 η)的左侧，而 b 位于右侧。

(3) 如果 $g_Y(\eta)$ 是对称的，不仅最短的这样的区间由 $g_Y(a) = g_Y(b)$ 给出，而且 a 和 b 离众数的距离相同，在这种情况下，众数等于期望。

例 3　由高斯概率密度函数表征的随机变量的包含区间

由期望为零，标准偏差为 1 的高斯分布，即标准正态分布表征的随机变量的 95% 包含区间为 $[-1.96, 1.96]$。

例 4　由矩形概率密度函数表征的随机变量的包含区间

由期望为零，标准偏差为 1 的矩形表征的随机变量的 95% 包含区间为 $[-1.6, 1.6]$。

2.3.3　其他情况下的包含区间的确定

考虑这样一种情况，对有关输出量的 PDF 没有作出任何假设，除了其估计值 y 为该输出量 PDF 的期望，该估计值的标准不确定度 $u(y)$ 作为其标准偏差。对分布没有作出任何假设的原因之一，它可能很难或不可能获得一些输入量有关的分布，调用第 3 章介绍的最大熵原理也认为是不恰当的。在这种情况下，可以通过使用统计文献的一些传统结果得到一个包含区间的保守估计。这个估计并不符合 GUM 的意图，GUM 提倡使用实际的包含区间。正如 GUM 0.4 条所指出的："此外，在许多工商业及健康和安全领域中，常常必须提供有关测量结果的一个区间，可期望该区间包含了合理赋予受测量的量之值的分布的大部分。评定和表示测量不确定度的理想方法应能方便地给出这样一个区间，尤其要给出与要求相应的包含概率或置信水平下的区间。"但在某些特殊场合，这保守估计是有用的。保守估计可能有两种结果。其结果之一一般适用于所有分布。另一个涉及某种情况，可以作出唯一的假设，即分布是对称的。

2.3.3.1　一般分布

假设需要引用输出量的包含概率为95%的包含区间,且对分布无任何了解。

包含区间 $y \pm ku(y)$,其中 $k=4.47$,包含至少95% y 的分布。

这个结果是来自切比雪夫不等式,它说明,Y 位于区间 $y \pm ku(y)$ 的概率至少为 $1-k^{-2}$。$1-k^{-2}=0.95$时,k 为4.47。强调的是,这一结果适用于任何分布,但它不可能与由对 Y 的PDF有一定的了解获得的区间一样长度那么短。

- 如果 Y 是由矩形分布表征,这个区间是 $y \pm 1.65u(y)$;
- 如果 Y 是由高斯分布表征,这个区间是 $y \pm 1.96u(y)$。

来自切比雪夫不等式的区间的长度是 Y 为矩形分布的区间长度2.7倍,Y 为高斯分布的2.3倍。

这些结果适用于自由度是无限的,或在实践中自由度很大的情况。

附:切比雪夫不等式设随机变量 Y 有数学期望 $E(Y)$ 及方差 $D(Y)$,则对于任何正数 ε,下列不等式成立:

$$P(|Y-E(Y)|<\varepsilon) \geqslant 1-\frac{D(Y)}{\varepsilon^2}$$

2.3.3.2　对称分布

如果已知分布是对称和单峰,基于高斯不等式获得区间长度更短的结果是可能的。

包含区间 $y \pm ku(y)$,其中 $k=2.98$,包含至少95% y 的分布。

高斯不等式表明,Y 位于区间 $y \pm ku(y)$ 的概率至少为 $1-\frac{4}{9}k^{-2}$。$1-\frac{4}{9}k^{-2}=0.95$,k 是2.98。

注意到,这个区间只比 Y 为高斯分布表征时获得的区间的长度长50%。

这些结果适用于自由度是无限的,或在实践中自由度很大的情况。

第3章　输入量的概率密度函数

在不确定度评定的建立公式阶段，设定输入量 X_i 的 PDF，是实施蒙特卡洛评定测量不确定度的关键。一般可根据贝叶斯定理或最大熵原理设定 PDF。

X_i 独立时，可根据一系列示值的分析，可由一组观测频率分布设定 X_i 的概率密度函数 PDF$g_{X_i}(\xi_i)$（不确定度的 A 类评定），或根据某些历史数据、校准和专家判断之类的信息所得到的科学判断，对一个事件发生的可信程度为依据设定 X_i 的 PDF$g_{X_i}(\xi_i)$（不确定度的 B 类评定）。当某些 X_i 相互独立时，可对它们每个量单独设定 PDF，而其余的相关的 X_i 设定联合 PDF，但明确考虑的联合 PDF 只有实际工作中通常使用的多元高斯分布。

3.1　贝叶斯（Bayes）定理

贝叶斯方法的出发点就是下面这个基本的概率关系

$$P(B|A)\cdot P(A)=P(AB)=P(A|B)\cdot P(B) \tag{3.1}$$

A 和 B 的概率等于 B 出现的情况下 A 的概率乘上 B 出现的概率。A 和 B 的概率又等于 A 出现的情况下 B 的概率乘上 A 出现的概率。

式(3.1)又可以改写成

$$P(B|A)=\frac{P(A|B)\cdot P(B)}{P(A)} \tag{3.2}$$

这就是贝叶斯定理的离散形式。贝叶斯定理又可以表述成

$$P(\text{假设}|\text{数据})\propto P(\text{数据}|\text{假设})\cdot P(\text{假设}) \tag{3.3}$$

换句话说，式(3.3)就是“给定观测数据的情况下某个假设成立的概率与假设成立的情况下数据的概率乘上假设成立的概率成比例”。需要注意的是这里概率指的是对某个假设了解的程度而不是假设本身。这里“$\propto$”表示“正比于”的意思，即符号 $\propto$ 两侧只相差一个常数。

在贝叶斯理论中，P(假设)称为先验概率，表示在分析现有数据之前对假设了解的程度；P(数据|假设)称为似然概率，包括了现有数据中的信息；P(假设|数据)称为后验概率，综合现有数据和先验信息后对假设了解的程度。贝叶斯定理可以简单地用以下公式表示

$$\text{后验}\propto\text{似然}\times\text{先验} \tag{3.4}$$

在给出贝叶斯定理的离散形式后，这里再用密度函数来表示贝叶斯定理。

(1)依赖于参数 θ 的密度函数在经典统计中一般记为 $p(x;\theta)$ 或 $p_\theta(x)$，它表示参数空间 Θ 中不同的 θ 对应不同的分布。参数 θ 对应于式(3.3)中的"假设"。例如，某个量 x 服从正态分布 $N(\mu,\sigma^2)$，参数$\theta=(\mu,\sigma^2)$。贝叶斯学派把参数 θ 作为随机变量来对待，因此贝叶斯学派认为密度函数是在随机变量 θ 给定某个值时，x 的条件密度函数，故应记为 $p(x|\theta)$。$p(x|\theta)$ 又可看成是是 θ 的函数，贝叶斯学派把它称为给定 x 时 θ 的似然函数，记

成$L(\theta|x)$。

(2)根据参数θ的先验信息确定先验分布$\pi(\theta)$,表示在分析现有数据之前对参数的了解程度。

(3)从贝叶斯观点来看,样本$X=(X_1,\cdots,X_n)$的产生要分两步进行。首先设想从先验分布$\pi(\theta)$产生一个观测值θ,然后再从条件分布$p(x|\theta)$产生样本观测值$x=(x_1,\cdots,x_n)$,这时样本X的联合条件密度函数为

$$p(x|\theta)=\prod_{i=1}^{n}p(x_i|\theta)$$

(4)由于θ是设想出来的,仍然是未知的,欲把先验信息与样本信息结合起来,不能仅用设想值,而应用$\pi(\theta)$,这样,样本X与参数θ的联合分布

$$h(x,\theta)=p(x|\theta)\pi(\theta)$$

把先验信息与样本信息都综合到一起了。

(5)对参数θ作各种统计推断,为此对联合分布进行如下分解

$$h(x,\theta)=f(\theta|x)m(x)$$

其中$m(x)$是x的边际密度函数,$m(x)=\int_{\Theta}p(x|\theta)\pi(\theta)\mathrm{d}\theta$,它与参数$\theta$无关,或者说不含$\theta$的任何先验信息。因此能用来对$\theta$做出统计决策的仅是条件分布$f(\theta|x)$。

$$f(\theta|x)=\frac{h(x,\theta)}{m(x)}=\frac{p(x|\theta)\pi(\theta)}{\int_{\Theta}p(x|\theta)\pi(\theta)\mathrm{d}\theta}\tag{3.5}$$

这就是贝叶斯定理的密度函数形式。$f(\theta|x)$表示样本给定下θ的条件分布,称为θ的后验分布,它是在样本给定下集中了样本与先验中有关θ的一切信息,它要比先验分布$\pi(\theta)$更接近于实际情况。

如同式(3.4),连续型贝叶斯定理还可以表示为:

$$f(\theta|x)\propto L(\theta|x)\pi(\theta)\tag{3.6}$$

这表明,未知参数θ的后验分布$f(\theta|x)$与先验分布$\pi(\theta)$和θ的似然函数的乘积成正比。似然函数在这里起着重要的作用,所有从数据中得到的有关信息均包含在其中,随着数据容量的增加,似然函数有压倒先验分布函数的趋势。也就是说,随着数据容量的不断增加,先验分布对后验分布的影响也会越来越小。

例1　设有关输入量X的信息由一系列示值组成,即假如可获得n个测量值$x_1,\cdots,x_n$,它们可看作是相互独立的服从同一分布的随机变量的实现值,该随机变量由设定的PDF表征,但其期望及方差未知。这里假设这些测量值独立来自于设定的高斯分布$N(\mu_0,\sigma_0^2)$的量,但期望μ_0、方差σ_0^2均未知。可应用贝叶斯定理计算X的PDF,这里,X为这些随机变量的未知平均值。

因x_i设定为高斯分布$N(\mu_0,\sigma_0^2)$,因此x_i的概率密度函数PDF为

$$p(x_i|\mu_0,\sigma_0^2)\propto\frac{1}{\sigma_0}\exp\left(-\frac{1}{2\sigma_0^2}(x_i-\mu_0)^2\right)$$

则$x_1,\cdots,x_n$的联合概率分布$p(x|\mu_0,\sigma_0^2)$为,

$$p(x|\mu_0,\sigma_0^2)\propto\frac{1}{\sigma_0^n}\exp\left(-\frac{1}{2\sigma_0^2}\sum_{i=1}^{n}(x_i-\mu_0)^2\right)$$

即似然函数$L(\mu_0,\sigma_0^2|x)$为

$$L(\mu_0,\sigma_0^2 \mid x) \propto \frac{1}{\sigma_0^n}\exp\left(-\frac{1}{2\sigma_0^2}\sum_{i=1}^{n}(x_i-\mu_0)^2\right)$$

输入量 X 可认为等于 μ_0。

计算过程分为两步,首先,对未知期望及方差设定无信息联合先验(数据之前)PDF,即取 μ_0 和 σ_0^2 的先验分布为无信息联合先验分布,即 $\pi(\mu_0,\sigma_0^2)\propto(\sigma_0^2)^{-1}$。

利用贝叶斯定理,根据一系列示值提供的信息,更新联合先验 PDF,可得到两个未知参数的联合后验(数据之后)PDF$f(\mu_0,\sigma_0^2|x)$,

$$\begin{aligned} f(\mu_0,\sigma_0^2 \mid x) &\propto L(\mu_0,\sigma_0^2 \mid x)\pi(\mu_0,\sigma_0^2) \\ &\propto \sigma_0^{-n-2}\exp\left(-\frac{1}{2\sigma_0^2}\sum_{i=1}^{n}(x_i-\mu_0)^2\right) \\ &= \sigma_0^{-n-2}\exp\left(-\frac{1}{2\sigma_0^2}\left[\sum_{i=1}^{n}(x_i-\bar{x})^2+n(\bar{x}-\mu_0)^2\right]\right) \\ &= \sigma_0^{-n-2}\exp\left(-\frac{1}{2\sigma_0^2}\left[(n-1)s^2+n(\bar{x}-\mu_0)^2\right]\right) \end{aligned}$$

其中

$$\bar{x}=\frac{1}{n}\sum_{i=1}^{n}x_i,\quad s^2=\frac{1}{n-1}\sum_{i=1}^{n}(x_i-\bar{x})^2$$

分别为测量值的平均值和方差。

然后,联合后验 PDF 对未知方差积分,得到边际 PDF,即为未知平均值的后验分布,则 X 的边际 PDF 为

$$p(\mu_0 \mid x) = \int_0^{\infty} f(\mu_0,\sigma_0^2 \mid x)\,\mathrm{d}\sigma_0^2$$

做变换

$z=\dfrac{A}{2\sigma_0^2}$,其中 $A=(n-1)s^2+n(\mu_0-\bar{x})^2$

$$\begin{aligned} p(\mu_0 \mid x) &\propto \int_0^{\infty}\sigma_0^{-n-2}\exp\left(-\frac{1}{2\sigma_0^2}\left[(n-1)s^2+n(\bar{x}-\mu_0)^2\right]\right)\mathrm{d}\sigma_0^2 \\ &= \int_0^{\infty}\left(\frac{A}{z}\right)^{(-n-2)/2}\left(-\frac{A}{2z^2}\right)\exp(-z)\,\mathrm{d}z \\ &\propto A^{-n/2}\int_0^{\infty}z^{(n-2)/2}\exp(-z)\,\mathrm{d}z \\ &\propto \left[(n-1)s^2+n(\bar{x}-\mu_0)^2\right]^{-n/2} \\ &\propto \left[(n-1)s^2+n(\bar{x}-\mu_0)^2\right]^{-n/2} \\ &\propto \left[1+\frac{1}{n-1}\left(\frac{\mu_0-\bar{x}}{s/\sqrt{n}}\right)^2\right]^{-n/2} \end{aligned}$$

即 X 的 PDF 为

$$g_X(\xi)=\frac{\Gamma(n/2)}{\Gamma((n-1)/2)\sqrt{(n-1)\pi}}\times\frac{1}{s/\sqrt{n}}\times\left(1+\frac{1}{n-1}\left(\frac{\xi-\bar{x}}{s/\sqrt{n}}\right)^2\right)^{-n/2} \tag{3.7}$$

式中

$$\Gamma(z) = \int_0^{\infty} t^{z-1}\mathrm{e}^{-t}\mathrm{d}t,\quad z>0$$

是 Γ 函数。

X 的边际 PDF 称作自由度为 $v=n-1$ 的缩放平移 t 分布 $t_v(\bar{x},s^2/n)$。

3.2　最大熵原理

随机变量 X 的概率密度函数为 $p(x)$，则随机变量 X 的熵为

$$H=-\int_a^b p(x)\ln p(x)\,\mathrm{d}x \tag{3.8}$$

b,a 是 x 的上下限。这里要求

$$1=\int_a^b p(x)\,\mathrm{d}x,p(x)\geqslant 0 \tag{3.9}$$

现在把问题反过来考虑，如果不是已知概率分布 $p(x)$ 而是已知熵 H 达到了极大值，那么这对 $p(x)$ 的要求又会是什么呢？

首先我们看到 H 的值至少要受到 $1=\int_a^b p(x)\,\mathrm{d}x$ 的约束，即 H 极大仅能在各概率合计值恰为单位值 1 的条件下取得。

一般地说，其他的约束经常以变量 x 的某种函数 $f(x)$ 的平均值为已知的形式出现。若有 m 个约束条件，也就是说 m 个 x 的已知函数 $f_1(x),f_2(x),\cdots,f_m(x)$ 都有事先确定的平均值 $F_1,F_2,\cdots,F_m$，即

$$F_k=\int_a^b f_k(x)p(x)\,\mathrm{d}x\quad k=1,2,\cdots,m \tag{3.10}$$

例如，给定不同阶的中心矩。一阶矩，$f_1(x)=x$，二阶中心矩，$f_2(x)=(x-\mu)^2$ 等。

问在式(3.9)、式(3.10)的约束下取什么概率密度函数 $p(x)$ 恰好使式(3.8)的熵 H 达到极大值？这就是最大熵原理。

为此参照拉格朗日(Lagrange)乘子法去构造一个新函数，它是 H 与常数 $\alpha,\beta_1,\beta_2,\cdots$ 和 F_k 的如下线性关系

$$H-\alpha-\beta_1F_1-\beta_2F_2-\cdots-\beta_mF_m$$

而依式(3.8)、式(3.9)和式(3.10)有

$$\begin{aligned}L&=H-\alpha-\sum_{k=1}^m\beta_kF_k\\&=-\int_a^b p(x)\ln p(x)\,\mathrm{d}x-\alpha\int_a^b p(x)\,\mathrm{d}x-\sum_{k=1}^m\beta_k\int_a^b f_k(x)p(x)\,\mathrm{d}x\\&=\int_a^b p(x)\left[-\ln p(x)-\alpha-\sum_{k=1}^m\beta_kf_k(x)\right]\mathrm{d}x\end{aligned}$$

选择适当的 $p(x)$ 使得上式达到极大值，即使得 $\frac{\partial L}{\partial p(x)}=0$，则

$$-\ln p(x)-\alpha-\sum_{k=1}^m\beta_kf_k(x)-1=0$$

$$p(x)=\exp\left[-\alpha-\sum_{k=1}^m\beta_kf_k(x)-1\right] \tag{3.11}$$

即如令 $p(x)$ 恰满足式(3.11)，则熵 H 达极大值。余下的是求出待定常数 α 和 $\beta_k(k=1,2,\cdots,m)$。

利用 PDF$p(x)$在积分区域内为 1 的式(3.9)可将式(3.11)变成

$$1 = \int_a^b p(x)\,\mathrm{d}x = \int_a^b \exp[-\alpha - \sum_{k=1}^m \beta_k f_k(x) - 1]\,\mathrm{d}x$$

令

$$Z = \mathrm{e}^{\alpha} \tag{3.12}$$

则

$$Z = \int_a^b \exp[-\sum_{k=1}^m \beta_k f_k(x) - 1]\,\mathrm{d}x \tag{3.13}$$

用式(3.12)、式(3.13)代入式(3.11)就消去了 α,使 $p(x)$的式子变为

$$p(x) = \frac{1}{Z}\exp[-\sum_{k=1}^m \beta_k f_k(x) - 1] \tag{3.14}$$

为求得 β_k　$(k=1,2,\cdots,m)$的值,把上式代回约束方程(3.10)有

$$F_k = \left\{\int_a^b f_k(x)\exp[-\sum_{k=1}^m \beta_k f_k(x) - 1]\,\mathrm{d}x\right\}\Big/ Z \quad k = 1,2,\cdots,m \tag{3.15}$$

式子中 F_k,$f_k(x)$都是已知值,因而真正的未知数是 m 个 β_k值($k=1,2,\cdots,m$)。m 个方程应当能解出 m 个值,这样从原理上讲,我们就可以求出熵极大时的 $p(x)$值了。

例 2　如果对于某个量 X,仅知其下限为 a,上限为 b,$a<b$,则其 PDF 的约束条件只有式(3.9),即

$$\int_a^b g_X(\xi)\,\mathrm{d}\xi = 1$$

而不存在其他约束条件,也就是 $m=0$。则由式(3.13),得到

$$Z = \int_a^b \exp[-1]\,\mathrm{d}\xi = \mathrm{e}^{-1}(b-a)$$

因此,由式(3.14),可得到 X 的 PDF 为

$$g_X(\xi) = \frac{1}{Z}\exp[-\sum_{k=1}^m \beta_k f_k(x) - 1] = \frac{1}{b-a}$$

则根据最大熵原理,在区间$[a,b]$内 X 可设定为矩形分布 $R[a,b]$。

例 3　指数分布

如连续变量 X 仅能出现于(a,∞)之间,而且知道其数学期望值(平均值)为有限值 x(不是无限大),此外如不附加进一步的条件,那么熵最大时对概率密度分布 $p(x)$将有什么要求呢?

显然,此时式(3.9) 变成了 $1 = \int_a^\infty g_X(\xi)\,\mathrm{d}\xi$,而式(3.10) 仅为一个关系 $f(\xi) = \xi$ $(m = 1)$:

$$x = \int_a^\infty \xi g_X(\xi)\,\mathrm{d}\xi \tag{3.16}$$

则由式(3.13),得到

$$Z = \int_a^\infty \exp[-\beta\xi - 1]\,\mathrm{d}\xi = \exp(-a\beta - 1)/\beta$$

因此,由式(3.14)可得到 X 的 PDF 为

$$g_X(\xi) = \frac{1}{Z}\exp[-\beta\xi - 1] = \beta\exp[-\beta(\xi - a)]$$

因还满足约束条件(3.16)可得 $\beta = 1/(x-a)$。故

$$g_X(\xi)=\frac{1}{x-a}\exp[-(\xi-a)/(x-a)] \tag{3.17}$$

若下限 $a=0$ 则

$$g_X(\xi)=\frac{1}{x}\exp[-\xi/x] \tag{3.18}$$

这就是典型的负指数分布，它表明如果仅知道一个变量非负，且给定平均值（平均值对变量的概率分布起了约束作用），那么熵最大对应（要求）的概率分布恰好是指数分布式（3.18）。

例 4　正态分布

如知变量 X 的平均值为 u，标准差为 σ，问 X 遵守什么分布才使熵最大？

此时不仅有 $1=\int_{-\infty}^{\infty}g_X(\xi)\mathrm{d}\xi$，而且约束条件（3.10）有两个，即 $f_1(\xi)=\xi$，$f_2(\xi)=(\xi-u)^2$，故有

$$u=\int_{-\infty}^{\infty}\xi g_X(\xi)\mathrm{d}\xi \tag{3.19}$$

和

$$\sigma^2=\int_{-\infty}^{\infty}(\xi-u)^2 g_X(\xi)\mathrm{d}\xi \tag{3.20}$$

则由式（3.13），得到

$$\begin{aligned}Z&=\int_{-\infty}^{\infty}\exp[-\beta_1\xi-\beta_2(\xi-u)^2-1]\mathrm{d}\xi\\&=\exp\left[-1-u\beta_1+\frac{\beta_1^2}{4\beta_2}\right]\sqrt{\frac{\pi}{\beta_2}}\end{aligned}$$

因此，由式（3.14），可得到 X 的 PDF 为

$$g_X(\xi)=\frac{1}{Z}\exp[-\beta_1\xi-\beta_2(\xi-u)^2-1] \tag{3.21}$$

将式（3.21）代入式（3.19），得到

$$u=\int_{-\infty}^{\infty}\xi\frac{1}{Z}\exp[-\beta_1\xi-\beta_2(\xi-u)^2-1]\mathrm{d}\xi=-\frac{(\beta_1-2u\beta_2)}{2\beta_2}$$

因此得 $\beta_1=0$，

将式（3.21）代入式（3.20），并令 $\beta_1=0$，得到

$$\beta_2=1/(2\sigma^2)$$

由此代回式（3.14）式最后得

$$g_X(\xi)=\frac{1}{\sigma\sqrt{2\pi}}\mathrm{e}^{-\frac{(\xi-u)^2}{2\sigma^2}} \tag{3.22}$$

这就是高斯（正态）分布。这表明给定了标准差 σ 和平均值 u，在熵最大的要求下概率应遵从高斯分布。

3.3　高斯分布

如果有关量 X 的信息只有其最佳估计 x 和标准不确定度 $u(x)$，则由 3.2 节的例 4 可

知，X可设定为高斯概率分布$N(x,u^2(x))$，其PDF为

$$g_X(\xi)=\frac{1}{\sqrt{2\pi}u(x)}\exp\left(-\frac{(\xi-x)^2}{2u^2(x)}\right) \tag{3.23}$$

X的期望和方差分别为

$$E(X)=x, V(X)=u^2(x)$$

期望为零和标准偏差为1的高斯分布称作标准高斯分布。标准高斯分布设定给变量X，其PDF为

$$\phi(z)=\frac{1}{\sqrt{2\pi}}\exp(-z^2/2),\quad -\infty<z<\infty$$

其分布函数，用$\Phi(z)$表示，

$$\Phi(z)=\int_{-\infty}^{z}\phi(\xi)\mathrm{d}\xi$$

X位于c和d之间的概率，其中$c<d$，

$$\frac{1}{\sqrt{2\pi}\sigma}\int_c^d\exp\left(-\frac{(\xi-\mu)^2}{2\sigma^2}\right)\mathrm{d}\xi=\frac{1}{\sqrt{2\pi}}\int_{(c-\mu)/\sigma}^{(d-\mu)/\sigma}\exp\left(-\frac{z^2}{2}\right)\mathrm{d}z$$
$$=\Phi((d-\mu)/\sigma)-\Phi((c-\mu)/\sigma)$$

反函数$\Phi^{-1}(p)$给出的z的值使得$\Phi(z)=p$，p为一个给定的概率。

为从$N(x,u^2(x))$中抽样，首先标准高斯分布$N(0,1)$中抽取z，设

$$\xi=x+u(x)z$$

3.4　多元高斯分布

类似于3.3节的结果也适用于N维量，$\boldsymbol{X}=(X_1,\cdots,X_N)^T$，如果仅知$\boldsymbol{X}$的最佳估计$\boldsymbol{x}=(x_1,\cdots,x_N)^T$及（严格的）正定不确定度矩阵

$$\boldsymbol{U}_x=\begin{bmatrix} u^2(x_1) & u(x_1,x_2) & \cdots & u(x_1,x_N) \\ u(x_2,x_1) & u^2(x_2) & \cdots & u(x_2,x_N) \\ \vdots & \vdots & \vdots & \vdots \\ u(x_N,x_1) & u(x_N,x_2) & \cdots & u^2(x_N) \end{bmatrix}$$

则$\boldsymbol{X}$设定为多元高斯分布$N(\boldsymbol{x},\boldsymbol{U}_x)$。$\boldsymbol{X}$的联合PDF为

$$g_X(\xi)=\frac{1}{[(2\pi)^N\det\boldsymbol{U}_x]^{1/2}}\times\exp\left(-\frac{1}{2}(\boldsymbol{\xi}-\boldsymbol{x})^T\boldsymbol{U}_x^{-1}(\boldsymbol{\xi}-\boldsymbol{x})\right) \tag{3.24}$$

$\boldsymbol{X}$的期望和协方差矩阵为

$$E(\boldsymbol{X})=\boldsymbol{x}, V(\boldsymbol{X})=\boldsymbol{U}_x$$

为从$N(\boldsymbol{x},\boldsymbol{U}_x)$中抽样，从标准高斯分布$N(0,1)$中独立抽取$N$个$z_i$，$i=1,\cdots,N$，设

$$\xi=x+\boldsymbol{R}^T\boldsymbol{z}$$

式中，$\boldsymbol{z}=(z_1,\cdots,z_N)^T$且$\boldsymbol{R}$是由柯勒斯基（Cholesky）分解$\boldsymbol{U}_x=\boldsymbol{R}^T\boldsymbol{R}$给出的上三角矩阵。也可用相同形式的任意矩阵分解来替代柯勒斯基分解$\boldsymbol{U}_x=\boldsymbol{R}^T\boldsymbol{R}$。

在JJF 1059.2—2012中明确考虑的联合PDF只有多元高斯分布。

当无协方差影响的情况下，多元高斯 PDF 式(3.24)可简化为 N 个单变量高斯 PDF 的乘积，此时

$$U_x = \mathrm{diag}(u^2(x_1), \cdots, u^2(x_N))$$

因此

$$g_X(\xi) = \prod_{i=1}^{N} g_{X_i}(\xi_i)$$

式中，$g_{X_i}(\xi_i) = \dfrac{1}{\sqrt{2\pi}u(x_i)}\exp\left(-\dfrac{(\xi_i - x_i)^2}{2u^2(x_i)}\right)$

3.5　矩形分布

当如果对于某个量 X，仅知其下限为 a，上限为 b，$a < b$，则由 3.3 节的例 2 可知，在区间 $[a,b]$ 内 X 可设定为矩形分布 $R[a,b]$。X 的 PDF 为

$$g_X(\xi) = \begin{cases} 1/(b-a), a \leqslant \xi \leqslant b \\ 0, \text{其他} \end{cases}$$

它规定，任何 X 的值落在区间 $[a,b]$ 的概率都是相同的，而且 X 的值落在区间 $[a,b]$ 外的概率为零。

X 的期望和方差分别为

$$E(X) = \frac{a+b}{2}, V(X) = \frac{(b-a)^2}{12}$$

为从 $R[a,b]$ 抽样，从标准矩形分布 $R[0,1]$ 抽取一个样本 r，取

$$\xi = a + (b-a)r$$

考虑两个值，c 和 d，其中 $c < d$。X 位于 c 和 d 之间的概率是

$$\int_c^d g_X(\xi)\mathrm{d}\xi = \begin{cases} 0, & d \leqslant a \\ (d-a)/(b-a), & c \leqslant a \leqslant d \leqslant b \\ (d-c)/(b-a), & a \leqslant c < d \leqslant b \\ (b-c)/(b-a), & a \leqslant c \leqslant b \leqslant d \\ 0, & b \leqslant c \end{cases}$$

3.6　界限未准确给定的矩形分布

考虑一个随机变量 X，名义上设定为矩形 PDF，由下限 A 和上限 B 给出。有关这些端点的知识可能是不完整的。例如，假设这些端点的估计值为 $a = -1$，$b = 1$，只知道引用的数字是可靠的，而无其他信息。可以得出结论，A 位于 -1.5 和 -0.5 之间，B 位于 0.5 和 1.5 之间。因此，实际上 X 位于更宽的区间 $[-1.5, 1.5]$ 而不是 $[-1,1]$，见图 3.1。若引用的估计值为 $a = -1.0$，$b = 1.0$，可以得出结论，左边端点 A 位于 -1.05 和 -0.95 之间，右边端点 B 位于 0.95 和 1.05 之间。在实践中这样考虑的重要性如何呢？在这个区间内 X 是以何种方式分布呢？

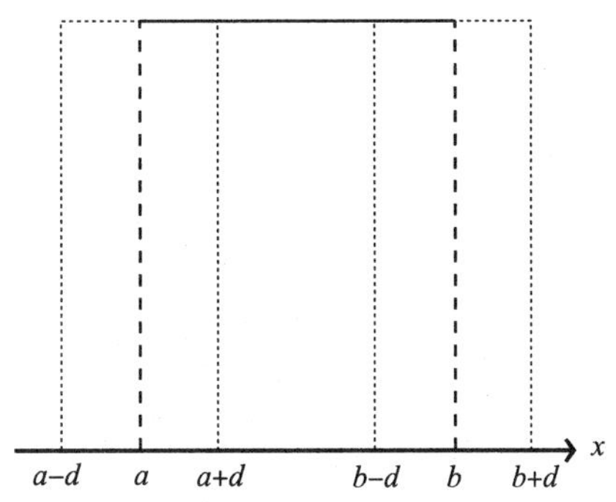

图 3.1　端点不精确的矩形 PDF

GUM 中，这些信息对应着 B 类评定获得的输入量标准不确定度，且不能按完全准确了解来处理。对输入量标准不确定度不完全了解在 GUM 中用自由度表示。

设一个量 X 位于下限 A 与上限 B 之间，$A<B$，由上下限定义的区间的中点 $(A+B)/2$ 固定，但区间长度 $B-A$ 不完全知道。已知 A 位于区间 $a\pm d$，B 位于区间 $b\pm d$，规定 $d>0$，$a+d<b-d$。如果没有关于 X，A 和 B 的其他信息，则应用最大熵原理，X 服从"曲线梯形"（界限未准确给定的矩形分布）。X 的 PDF 为

$$g_X(\xi)=\frac{1}{4d}\begin{cases}\ln[(w+d)/(x-\xi)], a-d\leqslant\xi\leqslant a+d,\\ \ln[(w+d)/(w-d)], a+d<\xi<b-d,\\ \ln[(w+d)/(\xi-x)], b-d\leqslant\xi\leqslant b+d,\\ 0, 其他\end{cases}\qquad(3.25)$$

式中 $x=(a+b)/2$ 和 $w=(b-a)/2$ 分别为区间 $[a,b]$ 的中点和半宽度，此 PDF 类似梯形，但腰不是直线。

式(3.25)也可表示为

$$g_X(\xi)=\frac{1}{4d}\max\left(\ln\frac{w+d}{\max(|\xi-x|, w-d)}, 0\right)$$

X 的期望和方差为

$$E(X)=\frac{a+b}{2}, V(X)=\frac{(b-a)^2}{12}+\frac{d^2}{9}\qquad(3.26)$$

为从曲线梯形 $\mathrm{CTrap}(a,b,d)$ 中抽样，标准矩形分布 $R(0,1)$ 中独立抽取两个样本 r_1 和 r_2，从上下限为 $a\pm d$ 的矩形分布抽取的一个样本 a_s，$a_s=(a-d)+2dr_1$，然后构造 b_s，确保 a_s 和 b_s 的中点为指定值 $x=(a+b)/2$，$b_s=(a+b)-a_s$。取

$$\xi=a_s+(b_s-a_s)r_2$$

取 $a=-1.0$，$b=1.0$，$d=0.5$，应用蒙特卡洛法给出直方图，如图 3.2 所示，作为 X 的 PDF 的缩放估计。

请注意 PDF 的"形状"。在端点不准确的内极点之间的区域内，因内极点的位置是准确的，因此它可设定为矩形分布。在内极点和外极点之间，它以二次的方式从矩形的高度减少到零。

$[-1,1]$ 的矩形分布和假设端点是准确的（相当于 $d=0$）表征的 X 的标准偏差为 $1/\sqrt{3}=0.577$。对于 $d=0.5$，其标准偏差为 $\sqrt{\frac{(b-a)^2}{12}+\frac{d^2}{9}}=\sqrt{\frac{(1-(-1))^2}{12}+\frac{0.5^2}{9}}=0.6$，端点的不

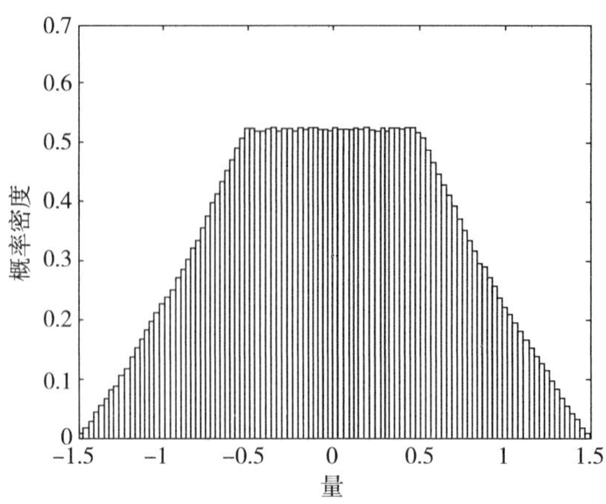

图 3.2　曲线梯形的直方图

准确使得标准偏差增大。对某些情况，增大（4%）这个程度是非常重要的。

例 5　证书表明电压 X 位于 10.0V ±0.1V 区间内。没有有关 X 的其他信息，仅知其区间端点的大小是某个数值正确四舍五入的结果。因此这个端点位于 0.05V 和 0.15V 之间，这是由于区间（0.05，0.15）内任意数值四舍五入到一位有效数字都为 0.1。故认为区间的位置是固定的，而区间的宽度则无法确定。X 的最佳估计为 $x=10.0$V，根据 $a=9.9$V，$b=10.1$V，$d=0.05$V 及表达式（3.26），可得标准不确定度 $u(x)$

$$u^2(x)=\frac{(0.2)^2}{12}+\frac{(0.05)^2}{9}=0.0036$$

因此，$u(x)=(0.0036)^{1/2}=0.060$V，而 $d=0$ 时，即上下限准确下的标准不确定度为 $0.2/\sqrt{12}=0.058$V，此例中，上下限准确下得到的 $u(x)$ 数值要比上下限不准确下的 $u(x)$ 小 4%。

3.7　梯形分布

假设量 X 定义为两个独立量 X_1 和 X_2 的和。对于 $i=1$ 和 $i=2$，X_i 设定为矩形分布 $R(a_i,b_i)$，a_i 为下限，b_i 为上限。因此 X 的分布为对称梯形分布 Trap(a,b,β)，a 为下限，b 为上限，参数 β 等于梯形上底半宽度与梯形下底半宽度的比。梯形分布的参数与矩形分布的参数之间的关系为：

$$a=a_1+a_2, b=b_1+b_2, \beta=\frac{\lambda_1}{\lambda_2}, \tag{3.27}$$

其中

$$\lambda_1=\frac{|(b_1-a_1)-(b_2-a_2)|}{2}, \lambda_2=\frac{b-a}{2}, \tag{3.28}$$

且

$$0\leqslant\lambda_1\leqslant\lambda_2$$

由 X_1 和 X_2 的分布做卷积获得 X 的 PDF，见图 3.3。

$$g_X(\xi)=\begin{cases}(\xi-x+\lambda_2)/(\lambda_2^2-\lambda_1^2),x-\lambda_2\leqslant\xi<x-\lambda_1,\\1/(\lambda_1+\lambda_2),x-\lambda_1<\xi<x+\lambda_1,\\(x+\lambda_2-\xi)/(\lambda_2^2-\lambda_1^2),x+\lambda_1<\xi\leqslant x+\lambda_2,\\0,\text{其他}\end{cases}\tag{3.29}$$

式中 $x=(a+b)/2$,

式(3.29)可表示为

$$g_X(\xi)=\frac{1}{\lambda_1+\lambda_2}\min\left(\frac{1}{\lambda_2-\lambda_1}\max(\lambda_2-|\xi-x|,0),1\right)$$

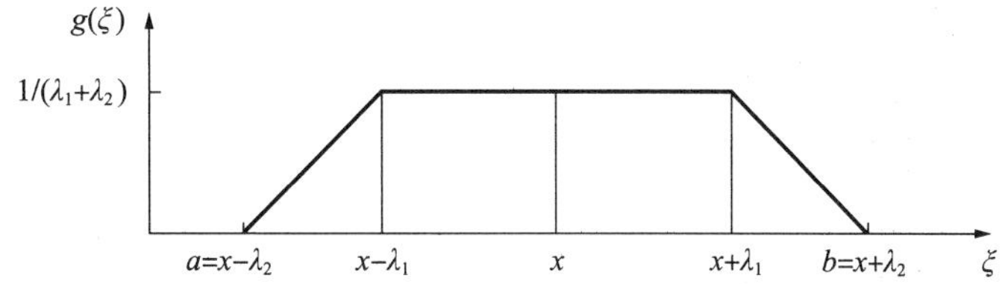

图 3.3　$X=X_1+X_2$ 的梯形 PDF,X_1 和 X_2 的 PDF 为矩形

X 的期望和方差分别为

$$E(X)=\frac{a+b}{2},V(X)=\frac{(b-a)^2}{24}(1+\beta^2)$$

为从 CTrap(a,b,β) 抽样,从标准矩形分布 $R(0,1)$ 中独立抽取 r_1 和 r_2,取

$$\xi=a+\frac{b-a}{2}[(1+\beta)r_1+(1-\beta)r_2]$$

3.8　三角分布

假设量 X 定义为两个独立变量之和,每个变量都设定为矩形分布 $R(a_i,b_i)$,a_i 为下限,b_i 为上限,它们的半宽度相等,即 $b_1-a_1=b_2-a_2$。它满足 $\lambda_1=0$ 和 $\beta=0$ 时的表达式(3.27)和(3.28)。X 的分布为梯形分布 Trap$(a,b,0)$,该梯形分布 Trap$(a,b,0)$ 可在区间 $[a,b]$ 范围内简化为(对称)三角形分布 T(a,b)。X 的 PDF 为

$$g_X(\xi)=\begin{cases}(\xi-a)/w^2,a\leqslant\xi\leqslant x,\\(b-\xi)/w^2,x<\xi\leqslant b,\\0,\text{其他}\end{cases}\tag{3.30}$$

式中 $x=(a+b)/2,w=\lambda_2=(b-a)/2$

式(3.30)可表示为

$$g_X(\xi)=\frac{2}{b-a}\max\left(1-\frac{2|\xi-x|}{b-a},0\right)$$

X 的期望和方差分别为

$$E(X)=\frac{a+b}{2},V(X)=\frac{(b-a)^2}{24}$$

为从 T(a,b) 抽样,从标准矩形分布 $R(0,1)$ 中独立抽取 r_1 和 r_2,取

$$\xi = a + \frac{b-a}{2}(r_1 + r_2)$$

3.9 反正弦(U形)分布

如果已知变量 X 在下限为 a,上限为 b,$a<b$ 之间正弦周期变化,相位 Φ 未知,则根据最大熵原理,Φ 服从矩形分布 $R(0,2\pi)$,变换公式为

$$X = \frac{a+b}{2} + \frac{b-a}{2}\sin\Phi$$

这里,Φ 服从矩形分布 $R(0,2\pi)$。

设定给 X 的分布为反正弦分布 $U(a,b)$。X 的 PDF 为

$$g_X(\xi) = \begin{cases}(2/\pi)[(b-a)^2 - (2\xi - a - b)^2]^{-1/2}, a<\xi<b \\ 0,\text{其他}\end{cases}$$

X 的期望和方差为

$$E(X) = \frac{a+b}{2}, V(X) = \frac{(b-a)^2}{8}$$

标准反正弦分布 $U(0,1)$,其 PDF 为

$$g_Z(z) = \begin{cases}[z(1-z)]^{-1/2}/\pi, 0<z<1, \\ 0,\text{其他}\end{cases} \tag{3.31}$$

Z 的期望为 1/2,方差为 1/8,分布(3.31)称为反正弦分布,由于相应的分布函数为

$$G_Z(z) = \frac{1}{\pi}\arcsin(2z-1) + \frac{1}{2}$$

若变量 Z 设定为标准反正弦分布 $U(0,1)$,线性变换

$$X = a + (b-a)Z$$

则 X 的分布为 $U(a,b)$。

为从 $U(a,b)$ 中抽样,从标准矩形分布 $R(0,1)$ 中抽取 r,取

$$\xi = \frac{a+b}{2} + \frac{b-a}{2}\sin 2\pi r$$

3.10 t 分布

3.10.1 一系列示值的评定

假如可获得 n 个示值 $x_1,\cdots,x_n$,这些示值独立来自于服从高斯分布 $N(\mu_0,\sigma_0^2)$ 的量,但期望 μ_0、方差 σ_0^2 均未知。输入量 X 可认为等于 μ_0,然后取 μ_0 和 σ_0^2 的先验分布为无信息联合先验分布,由本章的例 1 可知,X 的边缘 PDF 是自由度为 $\nu = n-1$ 的缩放平移 t 分布 $t_\nu(\bar{x}, s^2/n)$,其中

$$\bar{x} = \frac{1}{n}\sum_{i=1}^{n} x_i, s^2 = \frac{1}{n-1}\sum_{i=1}^{n}(x_i - \bar{x})^2$$

分别为示值的平均值和方差。

X 的 PDF 为

$$g_X(\xi)=\frac{\Gamma(n/2)}{\Gamma((n-1)/2)\sqrt{(n-1)\pi}}\times\frac{1}{s/\sqrt{n}}\times\left(1+\frac{1}{n-1}\left(\frac{\xi-\bar{x}}{s/\sqrt{n}}\right)^2\right)^{-n/2} \tag{3.32}$$

式中 $\Gamma(z)=\int_0^\infty t^{z-1}\mathrm{e}^{-t}\mathrm{d}t, z>0$ 是 Γ 函数。

X 的期望和方差为

$$E(X)=\bar{x}, V(X)=\frac{n-1}{n-3}\frac{s^2}{n}$$

式中，只有 $n>2$，$E(X)$ 才有定义；只有 $n>3$，$V(X)$ 才有定义。因此对于 $n>3$，X 的最佳估计值和它的标准不确定度为

$$x=\bar{x}, u(x)=\sqrt{\frac{n-1}{n-3}}\frac{s}{\sqrt{n}} \tag{3.33}$$

在 GUM 中，n 个独立测量的示值的平均值的标准不确定度 $u(x)$ 为 $u(x)=s/\sqrt{n}$，而不是按式(3.33)来评定。自由度 $\nu=n-1$ 表示了 $u(x)$ 的可靠程度。进一步来说，B 类评定得到的不确定度的自由度由评定的可靠程度的主观判断来确定。应用韦尔奇—萨特思韦特公式计算不确定度 $u(y)$ 的有效自由度 ν_{eff} 时，有必要知道不确定度 $u(x_i)$ 的自由度。在规范 JJF 1059.2—2012 中诸如不确定度的可靠性或不确定性这样的概念不是必须的。相应地，A 类不确定度评定中的自由度也不再作为一种可靠性的测度，且 B 类评定中自由度不再存在。

为从 $t_\nu(\bar{x},s^2/n)$ 中抽样，从自由度为 $\nu=n-1$ 的中心 t 分布 t_ν 中抽取 t，取

$$\xi=\bar{x}+\frac{s}{\sqrt{n}}t$$

X 的 PDF 设定自由度为 ν 的缩放平移 t 分布 $t_\nu(\bar{x},s^2/n)$，其中测量次数 n 应该由检定规程、检验规范、试验规范、检测作业指导书等技术标准规定。为了获得较高的自由度，采取较多次的测量得到实验标准偏差 s，自由度 ν 为实验标准偏差 s 的自由度，即 ν 不一定设定为 $n-1$。

例 6　被校量块和标准量块之间长度差 D 的 5 次测量的平均值 $\hat{D}$ 为 215nm。表征被校量块和标准量块之间长度差的实验标准偏差为两个标准量块长度差进行 25 次独立重复观测确定，大小为 13nm。

D 设定为缩放平移 t 分布 $t_\nu(\mu,s^2/n)$，其中

$$\mu=215\mathrm{nm}, s=13\mathrm{nm}, n=5, \nu=24$$

例 7　检测实验室用某台测量仪器检测同样的被测件，每天检测量达 50 ~ 60 个，检测人员先对其中的一个被测件测量了 10 次（$n=10$），计算得到重复性 $s(x_k)$ 为 0.004mm。以后在同样条件下对每个被测件只测 4 次（$m=4$），以 4 次测量的平均值作为的估计值。

该被测量的 PDF 设定为缩放平移 t 分布 $t_\nu(\bar{x},s^2/m)$，其中 $\bar{x}$ 为 4 次测量的平均值，$s=s(x_k)=0.004\mathrm{mm}, m=4, \nu=n-1=9$。

例 8　为测定固定污染源排放的二氧化硫气体浓度 c，技术标准 HJ/T 57—2000 要求：在被测工况负荷达到要求的情况下，对同一工况连续进行 $m=3$ 次测定，取其平均值作为测得量值。3 次测量的平均值为 89mg/m^3。为了考察其重复性，试验人员对某锅炉烟气二氧

化硫排放浓度进行了 $n=20$ 次测量,实验标准偏差 $s(x_k)$ 为 3.7mg/m^3。

该被测量的 PDF 设定为缩放平移 t 分布 $t_\nu(\bar{x},s^2/m)$,其中 $\bar{x}$ 为 3 次测量的平均值,$s=s(x_k)=3.7\text{mg/m}^3,m=3,\nu=n-1=19$。

3.10.2 合并标准偏差的评定

不用一系列示值计算得到的标准差 s,而是采用由 Q 个系列获得的合并标准偏差 s_p,自由度为 v_p

$$s_p^2=\frac{1}{\nu_p}\sum_{j=1}^{Q}\nu_j s_j^2,\nu_p=\sum_{j=1}^{Q}v_j$$

X 设定的缩放平移 t 分布的自由度 $\nu=n-1$ 应被合并标准偏差 s_p 的自由度 ν_p 取代,即 X 设定为自由度为 ν_p 的缩放平移 t 分布 $t_\nu(\bar{x},s_p^2/n)$ 于是,式(3.32)变为

$$g_X(\xi)=\frac{\Gamma((\nu_p+1)/2)}{\Gamma(\nu_p/2)\sqrt{\nu_p\pi}}\times\frac{1}{s_p/\sqrt{n}}\times\left(1+\frac{1}{\nu_p}\left(\frac{\xi-\bar{x}}{s_p/\sqrt{n}}\right)^2\right)^{-(\nu_p+1)/2}$$

表达式(3.33)变为

$$x=\bar{x}=\frac{1}{n}\sum_{i=1}^{n}x_i,u(x)=\sqrt{\frac{\nu_p}{\nu_p-2}}\frac{s_p}{\sqrt{n}}\qquad(\nu_p\geqslant 3)$$

3.10.3 校准证书的解释说明

如果有关 X 量的信息来自于校准证书给出的最佳估计值 x,扩展不确定度 U_p,包含因子 k_p 和有效自由度 ν_{eff},则 X 设定为自由度为 $\nu=\nu_{eff}$ 的缩放平移 t 分布 $t_\nu(x,(U_p/k_p)^2)$。

如果给出的 ν_{eff} 为无穷大或未被指定,则在无其他信息的情况下认为其无穷大,X 可设定为高斯分布 $N(x,(U_p/k_p)^2)$。该高斯分布为自由度 ν 趋于无穷大情况下缩放平移 t 分布 $t_\nu(x,(U_p/k_p)^2)$ 的极限情况。

3.11 指数分布

如果关于非负 X 量,仅知 X 的最佳估计 $x>0$,则根据本章的例 3 可知,X 设定为指数分布 $\text{Ex}(1/x)$。X 的PDF为

$$g_X(\xi)=\begin{cases}\exp(-\xi/x)/x,\xi\geqslant 0,\\0,\text{其他}\end{cases}$$

X 的期望和方差为

$$E(X)=x,V(X)=x^2$$

为从 $\text{Ex}(1/x)$ 中抽样,从标准矩形分布 $R(0,1)$ 中抽取 r,取

$$\xi=-x\ln x$$

3.12 Γ(Gamma)分布

设 X 量是固定大小的样本中对象的平均数(如干净房间内抽取的空气样本中的颗粒平

均数,或给定时间范围内某光源发射的光子平均数)。假设 q 是在固定大小的样本中需计数的对象数,且该数假设服从期望未知的泊松分布,则根据贝叶斯定理,期望的先验分布为常量分布时,X 服从 Γ 分布 $G(q+1,1)$。X 的 PDF 为

$$g_X(\xi)=\begin{cases}\xi^q\exp(-\xi)/q!,\xi\geqslant 0,\\0,其他\end{cases}\tag{3.34}$$

X 的期望和方差为

$$E(X)=q+1,V(X)=q+1\tag{3.35}$$

为从 $G(q+1,1)$ 中抽样,从标准矩形分布 $R(0,1)$ 中抽取 $q+1$ 个样本 $r_i,i=1,\cdots,q+1$,取

$$\xi=-\ln\prod_{i=1}^{q+1}r_i$$

根据可获信息及据此设定的常用的 PDF,见表 3.1。

表 3.1　可获信息及据此设定的 PDF

某量 X 的可获信息	X 所设定的分布	PDF	图示（未按比例绘制）
对于某量 X,仅知其下限为 a,上限为 b,$a<b$	矩形分布:$R(a,b)$	$g_X(\xi)=\begin{cases}1/(b-a),a\leqslant\xi\leqslant b\\0,其他\end{cases}$	
已知一个量 X 位于下限 A 与上限 B 之间,$A<B$,且 A 位于区间 $[a-d,a+d]$,B 位于区间 $[b-d,b+d]$,这里 a、b 和 d 确定,且规定 $d>0$、$a+d<b-d$	曲线梯形分布:CTrap(a,b,d)	$g_X(\xi)=\frac{1}{4d}\begin{cases}\ln[(w+d)/(x-\xi)]\\\quad a-d\leqslant\xi\leqslant a+d\\\ln[(w+d)/(w-d)]\\\quad a+d<\xi<b-d\\\ln[(w+d)/(\xi-x)]\\\quad b-d\leqslant\xi\leqslant b+d\\0,\quad 其他\end{cases}$ 式中,$x=(a+b)/2,w=(b-a)/2$	
量 X 为两个独立量 X_1 和 X_2 的和,X_i 服从下限为 a_i、上限为 b_i 的矩形分布 $R(a_i,b_i)$,$i=1,2$	梯形分布:Trap(a,b,β) 其中,$a=a_1+a_2,b=b_1+b_2$ $\beta=\frac{\|(b_1-a_1)-(b_2-a_2)\|}{b-a}$	$g_X(\xi)=\begin{cases}(\xi-x+\lambda_2)/(\lambda_2^2-\lambda_1^2),\\\quad x-\lambda_2\leqslant\xi<x-\lambda_1\\1/(\lambda_1+\lambda_2),\\\quad x-\lambda_1<\xi<x+\lambda_1\\(x+\lambda_2-\xi)/(\lambda_2^2-\lambda_1^2),\\\quad x+\lambda_1<\xi\leqslant x+\lambda_2\\0,\quad 其他\end{cases}$ 其中 $\lambda_1=\frac{\|(b_1-a_1)-(b_2-a_2)\|}{2}$, $\lambda_2=\frac{b-a}{2}$,且 $0\leqslant\lambda_1\leqslant\lambda_2,x=(a+b)/2$	
量 X 为两个独立量 X_1 和 X_2 的和,X_i 服从下限为 a_i、上限为 b_i 的矩形分布 $R(a_i,b_i)$,$i=1,2$,且 $b_1-a_1=b_2-a_2$	三角分布:T(a,b) 其中,$a=a_1+a_2,b=b_1+b_2$	$g_X(\xi)=\begin{cases}(\xi-a)/w^2,\quad a\leqslant\xi\leqslant x\\(b-\xi)/w^2,\quad x<\xi\leqslant b\\0,\quad 其他\end{cases}$ 式中 $x=(a+b)/2,w=(b-a)/2$	

续表

某量 X 的可获信息	X 所设定的分布	PDF	图示（未按比例绘制）
量 X 在下限 a、上限 $b(a<b)$ 之间以未知相位 Φ 正弦周期变化，Φ 服从矩形分布 $R(0,2\pi)$，$X=\frac{a+b}{2}+\frac{b-a}{2}\sin\Phi$	反正弦（U 形）分布：$U(a,b)$	$g_X(\xi)=\begin{cases}(1/\pi)[(b-\xi)(\xi-a)]^{-1/2} & a<\xi<b\\ 0, & \text{其他}\end{cases}$	
量 X 的信息仅已知其最佳估计值 x 和标准不确定度 $u(x)$	正态分布：$N(x,u^2(x))$	$g_X(\xi)=\frac{1}{\sqrt{2\pi}u(x)}\exp(-\frac{(\xi-x)^2}{2u^2(x)})$	
如果仅知 N 维量 $\boldsymbol{X}=(X_1,\cdots,X_N)^T$ 的最佳估计 $x=(x_1,\cdots,x_N)^T$ 及（严格的）正定不确定度矩阵 $\boldsymbol{U}_x=\begin{bmatrix}u^2(x_1) & u(x_1,x_2) & \cdots & u(x_1,x_N)\\ u(x_2,x_1) & u^2(x_2) & \cdots & u(x_2,x_N)\\ \vdots & \vdots & \vdots & \vdots\\ u(x_N,x_1) & u(x_N,x_2) & \cdots & u^2(x_N)\end{bmatrix}$	多元正态分布：$N(\boldsymbol{x},\boldsymbol{U}_x)$	$g_X(\xi)=\frac{1}{[(2\pi)^N\det U_x]^{1/2}}\times\exp\left(-\frac{1}{2}(\xi-x)^T U_x^{-1}(\xi-x)\right)$	
可获得 n 个测量值 $x_1,\cdots,x_n$，这些测量值独立来自于服从正态分布 $N(\mu_0,\sigma_0^2)$ 的量，但期望 μ_0、方差 σ_0^2 均未知。X 为 μ_0	缩放位移 t 分布：$t_{n-1}(\bar{x},s^2/n)$ 其中， $\bar{x}=\frac{1}{n}\sum_{i=1}^{n}x_i$， $s^2=\frac{1}{n-1}\sum_{i=1}^{n}(x_i-\bar{x})^2$	$g_X(\xi)=\frac{\Gamma(n/2)}{\Gamma((n-1)/2)\sqrt{(n-1)\pi}}\times\frac{1}{s/\sqrt{n}}\times(1+\frac{1}{n-1}(\frac{\xi-\bar{x}}{s/\sqrt{n}})^2)^{-n/2}$ 其中，$\Gamma(z)=\int_0^\infty t^{z-1}e^{-t}dt,z>0$	
有关 X 量的信息来自于给出了最佳估计值 x、扩展不确定度 U_p、包含因子 k_p 和有效自由度 ν_{eff} 的校准证书	缩放位移 t 分布：$t_{\nu_{eff}}(x,(U_p/k_p)^2)$	$g_X(\xi)=\frac{\Gamma(\nu_{eff}/2)}{\Gamma((\nu_{eff}-1)/2)\sqrt{(\nu_{eff}-1)\pi}}\times\frac{1}{U_p/k_p}\times(1+\frac{1}{\nu_{eff}-1}(\frac{\xi-x}{U_p/k_p})^2)^{-\nu_{eff}/2}$	
仅知非负量 X 的最佳估计值 $x>0$	指数分布：$Ex(1/x)$	$g_X(\xi)=\begin{cases}\exp(-\xi/x)/x,\xi\geqslant 0,\\ 0,\text{其他}\end{cases}$	
可计数对象的数目 q	Γ 分布： $G(q+1,1)$	$g_X(\xi)=\begin{cases}\xi^q\exp(-\xi)/q!,\xi\geqslant 0,\\ 0,\text{其他}\end{cases}$	

第4章　分布的传播

在2.2节构造的不确定度评定问题的传播阶段，本章涵盖分布传播的解决程序。出发点为(i)可得到涉及输入量$\boldsymbol{X}=(X_1,...,X_N)^{\mathrm{T}}$与输出量$Y$之间的模型$f$，可表示为$Y=f(\boldsymbol{X})$及(ii)根据第3章介绍的方法为输入量设定PDF$g_1(\xi_1),\cdots,g_N(\xi_N)$。如果输入量是相关的，为他们设定一个联合PDF。在JJF 1059.2—2012中，联合PDF只考虑多元高斯分布。

需要确定输出量Y的PDF $g(\eta)$。

一旦$g(\eta)$已经获得，就可以计算出输出量Y的$100p\%$包含区间。

4.1　分布传播的基本原理

设输入量X的PDF表示为$g_X(\xi)$。累积分布函数(CDF)与PDF的关系为

$$G_X(\xi)=\int_{-\infty}^{\xi}g_X(\xi')\mathrm{d}\xi' \tag{4.1}$$

因此，$G_X(\xi)$表示X的值小于或等于ξ所发生的概率，$G_X(\xi)$对ξ的导数就是X的概率密度函数PDF$g_X(\xi)$。

Y的CDF表示为$G_Y(\eta)$。应用希维赛德(Heaviside)阶跃函数H，

$$H(z)=\begin{cases}1,z\geqslant 0\\0,\text{其他}\end{cases}$$

则

$$G_Y(\eta)=P(Y\leqslant\eta)=P(f(X)\leqslant\eta)=\int_{-\infty}^{\infty}g_X(\xi)H\Big(\eta-f(\xi)\Big)\mathrm{d}\xi \tag{4.2}$$

$H(z)$的导数是狄拉克δ函数$\delta(z)$，

$$\delta(z)=\begin{cases}1,z=0\\0,\text{其他}\end{cases}$$

为了得到Y的PDF，对式(4.2)的两边对η求导数：

$$\begin{aligned}\frac{\mathrm{d}}{\mathrm{d}\eta}G_Y(\eta)=g_Y(\eta)&=\int_{-\infty}^{\infty}g_X(\xi)\frac{\mathrm{d}}{\mathrm{d}\eta}H\Big(\eta-f(\xi)\Big)\mathrm{d}\xi\\&=\int_{-\infty}^{\infty}g_X(\xi)\delta\Big(\eta-f(\xi)\Big)\mathrm{d}\xi\end{aligned} \tag{4.3}$$

Y的PDF为

$$g_Y(\eta)=\int_{-\infty}^{\infty}g_X(\xi)\delta\Big(\eta-f(\xi)\Big)\mathrm{d}\xi \tag{4.4}$$

若输入量$\boldsymbol{X}=(X_1,...,X_N)^{\mathrm{T}}$，则可类似得到$Y$的PDF为

$$g_Y(\eta)=\int_{-\infty}^{\infty}\cdots\int_{-\infty}^{\infty}g_X(\xi)\delta\Big(\eta-f(\xi)\Big)\mathrm{d}\xi_N\cdots\mathrm{d}\xi_1 \tag{4.5}$$

三种方法可以考虑来确定Y的PDF：

(1)解析方法；

(2)GUM 不确定度框架；

(3)数值方法。

所有三种方法与 GUM 是一致的。GUM 不确定度框架是广泛使用的程序，并在 GUM 的第 8 章中进行了总结。解析方法和数值方法属于 GUMG. 1. 5 中所指的“其他解析和数值方法”。

4.2　解析方法

解析方法获得的 Y 的 PDF 更可取，因他们不引进任何近似，但只能应用于相对简单的情况。这样方法的处理基本上是基于使用公式(4.5)。可以这样处理的实例包括线性模型：$Y = c_1X_1 + \cdots + c_NX_N$，其中所有 X_i 都是高斯或都是矩形。在后一种情况下，除非 N 较小，乘数 c_i 必须都相等，以及矩形 PDF 的半宽度也应相同，以避免很繁琐的代数计算。

4.2.1　单输入量

只考虑一个输入量，但模型函数是任意的 $f(X)$，设 $f(X)$ 可微，且严格单调。这种情况下，可利用解析方法得到输出量的 PDY。输出量 Y 的 PDF 可由式(4.4)得到：

$$g_Y(\eta) = \int_{-\infty}^{\infty} g_X(\xi)\delta\left(\eta - f(\xi)\right)\mathrm{d}\xi \tag{4.6}$$

记 $\varphi_\eta(\xi) = \eta - f(\xi)$，则

$$g_Y(\eta) = \int_{-\infty}^{\infty} g_X(\xi)\delta\left(\varphi_\eta(\xi)\right)\mathrm{d}\xi \tag{4.7}$$

狄拉克 δ 函数具有以下的一个性质：

$$\delta(\varphi_\eta(\xi)) = \sum_{i=1}^{n}\delta(\xi - \xi_{\eta,i})\frac{1}{|\varphi'_\eta(\xi_{\eta,i})|} \tag{4.8}$$

其中 $\xi_{\eta,i}(i = 1,2,\cdots,n)$ 为 $\varphi_\eta(\xi)$ 的零点。$\varphi'_\eta(\xi_{\eta,i})$ 为 $\varphi_\eta(\xi)$ 的导数在零点 $\xi_{\eta,i}$ 上的取值，即 $\varphi'_\eta(\xi_{\eta,i}) = \left.\dfrac{\mathrm{d}\varphi_\eta(\xi)}{\mathrm{d}\xi}\right|_{\xi=\xi_{\eta,i}} = -\left.\dfrac{\mathrm{d}f(\xi)}{\mathrm{d}\xi}\right|_{\xi=\xi_{\eta,i}}$。

因此，再根据狄拉克 δ 函数的筛选性质，由式(4.7)可得到

$$g_Y(\eta) = \sum_{i=1}^{n} g_X(\xi_{\eta,i})\frac{1}{|\varphi'_\eta(\xi_{\eta,i})|} = \sum_{i=1}^{n} g_X(\xi_{\eta,i})\frac{1}{|f'(\xi_{\eta,i})|} \tag{4.9}$$

例 1　对数变换

如果模型为 $Y = \ln X$，则 $\varphi_\eta(\xi) = \eta - f(\xi) = \eta - \ln\xi$，令 $\eta - \ln\xi = 0$，可得到 $\varphi_\eta(\xi)$ 的零点为 $\xi_\eta = \mathrm{e}^\eta$，$\dfrac{\mathrm{d}f(\xi)}{\mathrm{d}\xi} = \dfrac{1}{\xi}$，因此，$f'(\xi_\eta) = \mathrm{e}^{-\eta}$。由式(4.9)，可得到 Y 的 PDF 为

$$g_Y(\eta) = g_X(\mathrm{e}^\eta)\mathrm{e}^\eta \tag{4.10}$$

若 X 由上下限为 a 和 b 的矩形 PDF 表征，则 X 的 PDF 为

$$g_X(\xi) = \begin{cases}\dfrac{1}{b-a}, & a \leqslant \xi \leqslant b \\ 0, & \text{其他}\end{cases}$$

因此

$$g_X(\mathrm{e}^{\eta}) = \begin{cases} \dfrac{1}{b-a}, & a \leqslant \mathrm{e}^{\eta} \leqslant b \\ 0, & \text{其他} \end{cases}$$

即

$$g_X(\mathrm{e}^{\eta}) = \begin{cases} \dfrac{1}{b-a}, & \ln a \leqslant \eta \leqslant \ln b \\ 0, & \text{其他} \end{cases}$$

由式(4.10)得到 Y 的概率密度函数为

$$g_Y(\eta) = \begin{cases} \dfrac{\mathrm{e}^{\eta}}{b-a}, & \ln a \leqslant \eta \leqslant \ln b \\ 0, & \text{其他} \end{cases}$$

也可得到 Y 的分布函数为

$$G_Y(\eta) = \begin{cases} 0, & \eta \leqslant \ln a \\ (\exp(\eta) - a)/(b-a), & \ln a \leqslant \eta \leqslant \ln b \\ 1, & \ln b \leqslant \eta \end{cases}$$

图 4.1 描述了 X 的矩形 PDF(左)和对应的 Y 的 PDF,$a=1, b=3$。

这种情况比较重要,比如说,在电磁兼容测量中,使用指数或对数变换对线性和分贝单位表示的量之间经常进行转换。

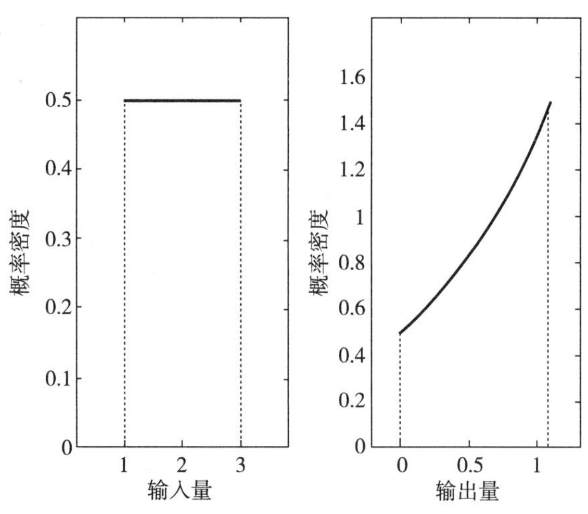

图 4.1　输入量 X 矩形 PDF(左)和输出量 Y 的相应的 PDF,模型 $Y=\ln X$

例 2　模型 $Y=X^2$。

$\varphi_{\eta}(\xi) = \eta - \xi^2$ 有两个零点 $\xi_{\eta,1} = \sqrt{\eta}, \xi_{\eta,2} = -\sqrt{\eta}$。

因 $\dfrac{\mathrm{d}f(\xi)}{\mathrm{d}\xi} = 2\xi$,因此 $f'(\xi_{\eta,1}) = 2\sqrt{\eta}, f'(\xi_{\eta,2}) = -2\sqrt{\eta}$。

由式(4.9),可得到 Y 的 PDF 为

$$\begin{aligned} g_Y(\eta) &= g_X(\xi_{\eta,1})\frac{1}{|f'(\xi_{\eta,1})|} + g_X(\xi_{\eta,2})\frac{1}{|f'(\xi_{\eta,2})|} \\ &= \left(g_X(\sqrt{\eta}) + g_X(-\sqrt{\eta})\right)\frac{1}{2\sqrt{\eta}} \end{aligned} \tag{4.11}$$

若 X 设定为均匀分布,其 PDF 为

$$g_X(\sqrt{\eta})=\begin{cases}\dfrac{1}{2\sqrt{3}u(x)}, & \eta\in[\eta_-,\eta_+]\\ 0, & \text{其他}\end{cases}$$

其中

$$\eta_{\pm}=[x\pm\sqrt{3}u(x)]^2$$

而 $g_X(-\sqrt{\eta})=0$

则由式(4.11)可得到 Y 的 PDF 为

$$g_Y(\eta)=\frac{1}{4\sqrt{3}u(x)}\frac{1}{\sqrt{\eta}}$$

期望和方差分别为

$$y=x^2+u^2(x),u(y)=u(x)\sqrt{4x^2+\frac{4}{5}u^2(x)}$$

X 的期望和标准偏差分别为 x 和 $u(x)$。而由 GUM 法的获得的 Y 的期望和标准不确定度分别为 $y=x^2,u(y)=2xu(x)$。

若 X 设定为期望为 0 和方差为 $u^2(x)$ 的高斯分布,则

$$g_X(\sqrt{\eta})=\frac{1}{\sqrt{2\pi}u(x)}\exp\left[-\frac{\eta}{2u^2(x)}\right],0\leqslant\eta<\infty$$

$$g_X(-\sqrt{\eta})=\frac{1}{\sqrt{2\pi}u(x)}\exp\left[-\frac{\eta}{2u^2(x)}\right],0\leqslant\eta<\infty$$

则由式(4.11)可得到 Y 的 PDF 为

$$g_Y(\eta)=\frac{1}{\sqrt{2\pi}u(x)}\exp\left[-\frac{\eta}{2u^2(x)}\right]\frac{1}{\sqrt{\eta}},0\leqslant\eta<\infty \tag{4.12}$$

Y 的期望和标准偏差分别为 $u^2(x)$ 和 $3u^4(x)$。而由 GUM 法的获得的 Y 的期望和标准不确定度分别为 $y=0,u(y)=0$。

从这个例子可看出,在非线性比较严重的情况下,由 GUM 法的获得的输出量 Y 的期望和标准不确定度可能不切实际。

若 $u(x)=1$,则式(4.12)表示的就是自由度为 1 的 χ^2 分布。

4.2.2 多输入量的线性组合

模型为线性模型 $Y=c_1X_1+\cdots+c_NX_N$,且其中所有 X_i 都是高斯分布或都是矩形分布时,也可用解析方法得到。正如 GUM 中 G1.4 所指出的,在这种情况下,输出量 Y 的 PDF 一般可通过对输入量的概率分布作卷积而得到。

例如,对于模型为 $Y=X_1+X_2$ 和相互独立的输入量 X_1 和 X_2,积分表达式(4.5)的卷积积分的形式为

$$g_Y(\eta)=\int_{-\infty}^{\infty}g_{X_1}(\xi_1)g_{X_2}(\eta-\xi_1)\mathrm{d}\xi_1 \tag{4.13}$$

其中,对于 $i=1,2$,$g_{X_i}(\xi_i)$ 是设定给 X_i 的 PDF。

例 3 高斯分布的线性组合

假设模型是

$$Y = c_1X_1 + \cdots + c_NX_N$$

其中 $c_1,\cdots,c_N$ 是给定的常数，X_i 由高斯分布 $N(\mu_i,\sigma_i^2)$ 表征，$i=1,\cdots,N$。然后，Y 也是由高斯分布 $N(\mu,\sigma^2)$ 描述，其中 $\mu = c_1\mu_1 + \cdots + c_N\mu_N$，$\sigma^2 = c_1^2\sigma_1^2 + \cdots + c_N^2\sigma_N^2$。

例 4　两个具有相同半宽度的矩形分布之和

假设模型为

$$Y = X_1 + X_2$$

对于 $i=1,2$，X_i 由矩形分布（半宽度为 a）表征，期望为 μ_i 和标准偏差为 $a/\sqrt{3}$。则 Y 由半宽度 $2a$ 的对称三角形 PDF$g_Y(\eta)$ 表征，期望为 $\mu = \mu_1 + \mu_2$，标准偏差为 $a\ \sqrt{2/3}$。若 $\mu_1 + \mu_2 = 0$，对称三角形分布的 PDF 为

$$g_Y(\eta) = \begin{cases} 0, & \eta \leqslant -2a \\ (2a+\eta)/(4a^2), & -2a \leqslant \eta \leqslant 0 \\ (2a-\eta)/(4a^2), & 0 \leqslant \eta \leqslant 2a \\ 0, & 2a \leqslant \eta \end{cases}$$

对于一般的 μ_1 和 μ_2，PDF 是相同的，但中心位于 $\mu_1 + \mu_2$，而不是位于零处。对称三角形分布的 PDF 如图 4.2 所示。

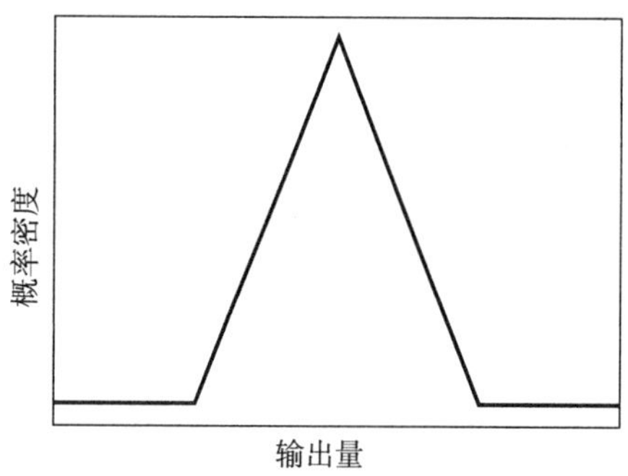

图 4.2　半宽度相同的两个矩形分布之和 $Y = X_1 + X_2$ 的 PDF

例 5　任意半宽度的两个矩形分布之和

假设模型

$$Y = c_1X_1 + c_2X_2$$

对于 $i=1,2$，X_i 由矩形分布（半宽度为 a_i）表征，期望为 μ_i 和标准偏差 $a_i/\sqrt{3}$。则 Y 由半宽度 $c_1a_1 + c_2a_2$ 的对称梯形 PDF$g_Y(\eta)$ 表征，期望为 $c_1\mu_1 + c_2\mu_2$，标准偏差 $\{(c_1^2a_1^2 + c_2^2a_2^2)/3\}^{1/2}$。对称梯形的 PDF 如图 4.3 所示。

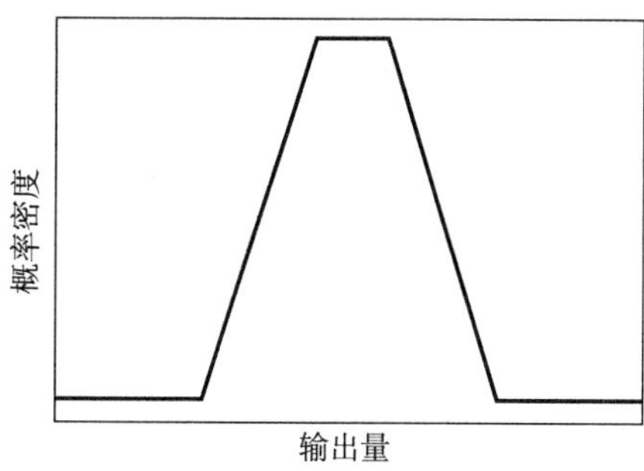

图 4.3　任意半宽度的两个矩形分布的一般的线性组合：
$Y = c_1X_1 + c_2X_2$ 的 PDF

4.3　GUM 不确定度框架

GUM 4.1.6 对输入量有关的 PDF 做了如下陈述：

每个输入估计值 x_i 及其相应的标准不确定度 $u(x_i)$ 是由输入量 X_i 的可能值的分布获得的。这个概率分布可能是根据 X_i 的一系列观测值 $x_{i,k}$ 得到的频率分布，或者也可能是一种先验分布。标准不确定度分量的 A 类评定根据的是频率分布，而 B 类评定根据的是先验分布。必须认识到无论哪一种情况，分布都是模型化了的，代表了人们对它认识的程度。

给定模型的输入量 X_i 的 PDF，GUM 不确定度框架的意图是获得输出量 Y 的估计值 y，估计值 y 相关的标准确定度 $u(y)$ 和有效自由度 ν，并 $(Y-y)/u(y)$ 可用高斯分布 $(\nu=\infty)$ 或 t 分布 $(\nu<\infty)$ 表征。

对于基于 GUM 不确定度框架的方法，按照以下步骤构成传播和总结阶段：

(1) 从输入量 $X_1,\cdots,X_N$ 的 PDF 分别得到期望 $x=(x_1,\cdots,x_N)^T$ 和标准偏差 $u(x)=(u(x_1),\cdots,u(x_N))^T$。如果 X_i 是相互依赖的，使用 $\boldsymbol{X}$ 的联合 PDF；

(2) 取协方差（相互不确定度）$u(x_i,x_j)$ 为 $\mathrm{Cov}(X_i,X_j)$，$\mathrm{Cov}(X_i,X_j)$ 为一对不相互独立的输入量 (X_i,X_j) 的协方差；

(3) f 对输入量求一阶偏导数；

(4) 计算模型在 x 处的值，即为输出量的估计 y；

(5) 计算上述偏导数在 x 处的值，即为灵敏系数；

(6) 根据 $u(x)$，$u(x_i,x_j)$ 和灵敏系数，由式(2.10)确定标准不确定度 $u(y)$；

(7) 使用 Welch - Satterthwaite 公式计算 y 的有效自由度 ν；

(8) 计算扩展不确定度 U_p，通过 $(Y-y)/u(y)$ 的概率分布取为高斯分布 $(\nu=\infty)$ 或 t 分布 $(\nu<\infty)$，得到 $u(y)$ 的适当的倍数，从而计算出输出量的包含区间（有规定的包含概率 p）。

4.4　数值方法

在实际工作中，很少使用积分表达式(4.5)作为数值确定输出量的 PDF $g_Y(\eta)$ 的基础。需要选择合适的数值积分公式，使得获得的 $g_Y(\eta)$ 对每个 η 都能达到规定的数值准确度。常用的数值积分公式有梯形积分公式和辛普森（Simpson）积分公式。而且，在细分足够的 η 值上，应用数值积分公式以准确获得 $g_Y(\eta)$。

式(4.13)表示的两个相互独立的输入量的卷积，可以使用快速傅里叶变换，然后再做傅里叶逆变换，获得输出量的 PDF $g_Y(\eta)$。

蒙特卡洛法（第 5 章）提供了一个普遍适用的实施分布传播的数值方法。

蒙特卡洛法是一个完全不同的方法，不是试图计算积分表达式(4.5)，而是基于以下考虑。传统的方法，输出量 Y 的期望值是通过计算模型在输入量的估计值 $x_1,\cdots,x_N$ 处的值而得到值 y。然而，由于每个输入量是由一个 PDF 而不是一个单一的数字来表征，输入量的一个值也可以从这个 PDF 随机抽取的一个值得到。

蒙特卡洛法按以下的方式运行。从每个输入量的PDF随机产生一个值,并计算模型在这些输入量的值处的值获得相应的输出量值。多次重复此过程,总共获得 M 个输出量的值。根据中心极限定理,如果 Y 的标准偏差存在,以这种方式获得的输出量值的平均值 y 以阶为 $O(M^{-1/2})$ 的速度收敛 Y 的期望。不论输入量的个数 N 如何,y 的数值准确性预期提高一位有效数字,只要 M 增大4倍即可。相比之下,标准数值积分需要 $2^{M/2}$ 倍才能达到此目的。因此,蒙特卡洛法计算有合理的收敛性。对于简单甚至适度复杂的问题,它的实施是直截了当的。具体实施方法请参阅第5章。

4.5 方法的探讨

传播阶段必须选择适合的方法。有下面三种情况:

(1)如果能表明GUM不确定度框架给出有效结果所需条件满足时,那么可采用此方法。

(2)如果有迹象表明GUM不确定度框架可能无效,则就应使用其他方法。

(3)难以评估GUM不确定度框架是否有效。

在所有这三种情况下,MCM提供了一种切实可行(可供选择)的方法。在第一种情况下,有时应用MCM可能更容易些,例如因为计算灵敏系数时比较困难。在第二种情况下,MCM通常可期望给出有效的结果,因没有作任何近似的假设。在第三种情况下,既可以应用MCM直接确定结果,也可以应用MCM来评估由GUM不确定度框架提供的结果的质量。

用于任何特定问题的方法,都需要谨慎选择。如上所述,基于GUM不确定度框架的方法对于许多机构而言就是“选择的方法”。适用时解析方法从某种意义上讲是理想的。数值方法具有较强的灵活性。在实际工作中目前蒙特卡洛法的应用越来越广泛。

第5章　蒙特卡洛法

5.1　概述

本章介绍了一种通用的数值方法,蒙特卡洛法(MCM)如何应用于测量不确定度的评定。

在测量不确定度评定的背景下,蒙特卡洛法是一种抽样技术,以数值的方式而不是解析的方式实施分布传播。该技术也适用于验证应用GUM不确定度框架返回的结果,以及在某些情况下GUM不确定度框架所作的假设可能不适用时,可应用该方法。

事实上,MCM提供了更丰富的信息,通过测量模型f传播输入量X的PDF(而不是这些量的估计值的测量不确定度)以获得输出量Y的PDF。从输出量的PDF,可以直截了当地获取包含区间,以及其他统计信息,如最佳估计值及其标准不确定度。

MCM考虑了输入量的PDF,这些PDF或已通过解析方法推导出,或以其他方式设定。为输入量设定PDF,详见第3章。这样的PDF包括不对称概率密度函数如泊松分布(计数率)和伽马分布(这是指数分布和开方分布的特殊情况)。输入量的PDF形成了由蒙特卡洛法确定输出量的PDF的必要基础。

如果模型的输入量不相互独立,应使用相应的联合PDF。

与基于GUM不确定度框架的方法一样,蒙特卡洛法也是一个循序渐进的逐步的过程。不同的是,在蒙特卡洛法中,有几个步骤重复很多次,每次重复构成一个试验,每次重复得到的结果进行合并处理。因此,利用计算机来实施蒙特卡洛法是必不可少的。

蒙特卡洛法对描述输入量的PDF进行重复抽样。给定模型和其输入量的PDF,蒙特卡洛法是获得输出量Y的PDF近似的一种工具。由输出量PDF,可确定与输出量相关的任何或所有统计量。由此可以得到

(1)期望,中位数,众数以及其他位置估计。

在实际工作中,应该使用期望还是使用输入量的估计值代入模型而得到的模型值,是存在争议的。在许多情况下,这两者的实际差别可忽略。然而,在某些情况下,这差异也是可观的。例如考虑简单的模型:$Y = X^2$,其中X的期望为零,标准偏差为u,且由对称PDF表征。取Y的期望,即对一组非负值取平均,因此Y的期望应大于零。相比之下,由X的期望获得的Y的值为零。在这种情况下,取Y的期望大于零比较合理,因为零值位于输出量可能值范围的下限上,且作为期望,零值几乎不具有代表性。在其他较为复杂的情况下,输出量的期望由一个估计值组成,该估计值包含了不必要的偏倚。在这种情况下,由X的期望获得的Y的值更有意义。一般,使用的环境应决定选择期望还是模型在输入量的估计值处的值。蒙特卡洛法提供输出量的分布函数的分位数。特别是0.025分位数和0.975分位数给出了输出量的95%包含区间。这样一个包含区间也可任何其他一对分位数给出,只要该

分位数对相差 0.95 就行，如 0.015 和 0.965，或 0.040 和 0.99。

(2)标准偏差(标准不确定度)，方差(标准偏差的平方)，和高阶矩，如偏态和峰态。

PDF 的一阶矩为期望，决定随机变量分布的位置的量。二阶矩为方差，表明分散性的参数。三阶矩为偏态系数，描述了偏离期望的非对称程度。四阶矩为峰态系数，表明了 PDF 的尾部的厚实或中心处是否尖峭。

(3)对应某个规定的包含概率下的包含区间，在输出量由高斯分布或 t 分布表征的情况下，包含区间是“估计值 ± 扩展不确定度”的推广。

(4)任何其他的统计估计值或派生的统计量。

蒙特卡洛法的使用本质上简单明了，但其实施要做到坚实可靠，要求：(1)抽样发生器(算法)，可对所有输入量的(联合)PDF 进行抽样；(2)考虑蒙特卡洛试验次数，使得输出量估计的标准不确定度的有效数字达到所要求的位数，比如说两位。需要做的工作有：对于(1)，适合各种可能的 PDF 的抽样；对于(2)，参见 5.3 节。

蒙特卡洛法在验证应用 GUM 不确定度框架所产生的结果，以及 GUM 不确定度框架所作出的假设并不适用的情形时，是有价值的(第 6 章)。此外，蒙特卡洛法允许一般的 PDF 通过测量系统模型进行传播，而不只是传播估计值和不确定度，这个事实不能低估。

有关测量数据的变动性的所有统计资料，包括相关效应，可以从输出量的分布看出端倪。这一信息的质量将取决于模型和输入量的质量，如果模型和输入量认为是可接受的，则输出量的分布的质量只与所选择的蒙特卡洛试验次数有关。特别是，有关 GUM 不确定度框架的定量结果可从传播的 PDF 得到。相比之下，反之则不然：GUM 不确定确定性框架不能用来得到输出量的 PDF，除非可以证明，高斯或 t 分布来描述它们是可以接受的。

在测量系统模型的一阶近似的基础上，GUM 不确定度框架是基于不确定度的传播。蒙特卡洛法提供了另外一种方法，传播的是概率分布。虽然对模型没有作一阶近似，也就是，考虑了模型的非线性影响，但所获得的结果的质量与选择的试验次数有关，这是因为抽样过程中引入了抽样误差，而该误差与试验次数有关。相比之下，在 GUM 不确定度框架中对模型线性化引入的近似程度，或输出量 PDF 假设为高斯分布或 t 分布引入的近似程度没有控制。

5.2　蒙特卡洛法的步骤

模型函数

$$Y=f(\boldsymbol{X})$$

其中

$$\boldsymbol{X}=(X_1,\cdots,X_N)^T$$

设第 i 个输入量 X_i 的 PDF 表示为 $g_{X_i}(\xi_i)$，Y 的 PDF 表示为 $g_Y(\eta)$。设

$$G_Y(\eta)\ =\ \int_{-\infty}^{\eta}g_Y(z)\,\mathrm{d}z$$

表示对应 $g_Y(\eta)$ 的分布函数(DF)。满足实际需求的 $G_Y(\eta)$ 的近似可确定 Y 有关的所有所需的统计量，如输出量 Y 的估计值 y 的标准不确定度，以及 Y 的 95% 包含区间。

蒙特卡洛评定测量不确定度的步骤如下：

(1)选择蒙特卡洛试验次数 M,参阅 5.3;

(2)(N 个)输入量的 PDF 抽样,产生 M 个矢量 x_r,参阅 5.4;

(3)对每个矢量 x_r,计算模型给出相应输出量的值 $y_r=f(x_r)$,参阅 5.5;

(4)计算输出量的估计值 y 及 y 的标准不确定度 $u(y)$,分别为模型值 y_r 的(算术)平均值和标准偏差,$r=1,\cdots,M$,参阅 5.6;

(5)将这些 M 个模型值 y_r 按非递减次序排序,这些排序的模型值提供了输出量的分布函数 $G_Y(\eta)$ 的离散表示 $\boldsymbol{G}$,参阅 5.7;

(6)应用分布函数的离散表示 $\boldsymbol{G}$ 计算输出量的约定包含概率下的包含区间,参阅 5.8。

图 5.1 给出了该程序的示意图。

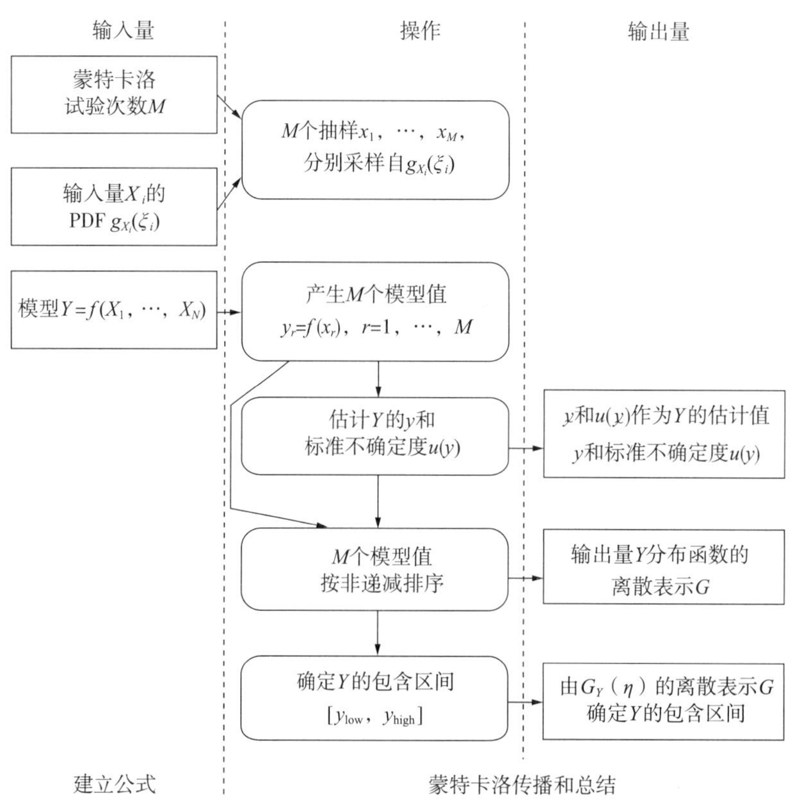

图 5.1　蒙特卡洛法评定测量不确定度

5.3　蒙特卡洛试验数

蒙特卡洛法评定测量不确定度是基于分布传播的原理,即已知模型中各输入量的概率分布,由评定模型计算出输出量的分布。

根据第 3 章介绍的为输入量设定的概率分布,可由蒙特卡洛仿真产生出一个样本分布,该样本分布是否能很好代表其实际的总体分布,取决于蒙特卡洛模拟次数 M,即样本的容量 M。样本容量越大,即 M 越大,则越接近总体,但 M 越大,则需要越多的计算时间,有时甚至不可能实现。M 过小,则不能代表总体,使输出量的不确定度评定失真。因此合理选择 M 值是蒙特卡洛法评定测量不确定度非常关键的环节。

样本数越大其仿真结果越接近真实值,不确定度 $u(y)$ 仿真结果越准确,通常情况要求相对不确定度小数点后有两位有效数字，此时：

$$\frac{\sigma(u(y))}{u(y)} \leqslant 0.5 \times 0.005 = 0.005$$

根据贝塞尔标准偏差的自由度公式可以得到：

$$\nu = M - 1 = \frac{1}{2}\left(\frac{\sigma(u(y))}{u(y)}\right)^{-2} \geqslant 80000$$

即 M 至少要大于 80000 才能保证计算得到的相对不确定度小数点后有两位有效数字。

因此，可预先选择一个 M 值，一般可选择 M 为 10^5，或选取的 M 值应远大于 $1/(1-p)$，例如，M 至少应大于 $1/(1-p)$ 的 10^4 倍，但此时对 MCM 所提供的数值结果的质量没有直接控制，这是因为：提供这些结果到规定的数值容差所需的试验数跟输出量的 PDF“形状”及包含概率有关。

若要确保为输出量提供 95% 包含区间，且该包含区间长度被修约到 1 或 2 位有效十进制数字，通常需取 $M = 10^6$ 以上。

由于无法保证这个数或预先指定的数是否足够，因此可使用自适应选择 M 的程序，即试验数不断增加的方法。5.8 节介绍了这样一种自适应方法，其试验数以比较经济的成本就能满足达到所需数值容差的预期。

对于复杂模型，例如包括有限元模型的解，由于受到运算时间过长的限制，无法采用足够大的 M 值以获取足够的输出量分布信息。在这种情况下，一种近似方法就是将输出量概率密度函数 $g_Y(\eta)$ 当作高斯分布（如在 GUM 中），然后按如下步骤进行。可选择相对小的 M 值，如 $M = 50$ 或 100。所得到的 Y 的 M 个模型值的平均值和标准偏差可分别取为 y 和 $u(y)$。根据这些信息，设定高斯 PDF $g_Y(\eta) = N(y, u^2(y))$ 来表征 Y，并计算出所需的 Y 的包含区间。虽然由于无法提供 Y 的 PDF 近似，采用较小的 M 值在可靠性方面不可避免地要差于较大的 M 值，但是确实已考虑了模型的非线性性。

5.4　输入量概率密度函数的抽样

在 MCM 的实现过程中，从输入量 X_1 的 PDF $g_{X_1}(\xi_1)$ 中随机产生一个值 $x_{1,1}$，再从输入量 X_2 的 PDF $g_{X_2}(\xi_2)$ 中随机产生一个值 $x_{2,1}$，若有 N 个输入量，直至从输入量 X_N 的 PDF $g_{X_N}(\xi_N)$ 中随机产生一个值 $x_{N,1}$，这 N 个值记成一个向量，$x_1 = (x_{1,1}, x_{2,1}, \cdots, x_{N,1})$。这个过程重复 M 次，得到 M 个向量 $x_r = (x_{1,r}, x_{2,r}, \cdots, x_{N,r})$，其中 $x_{i,r}$ 是从 X_i 的 PDF 中抽取的，$r = 1, \cdots, M$。

对最常见的分布，如矩形分布、高斯分布、t 分布和多元高斯分布，需要使用适用于该 PDF 的（伪）随机数发生器，来产生样本。需要时，可从联合（多变量）高斯 PDF$g_X(\xi)$ 中抽取。

5.4.1　矩形分布

从一个矩形分布产生伪随机数的能力是实施蒙特卡洛法的根本，同时也是应用正确的算法或公式从任何分布产生随机样本的基础。从一个非矩形分布产生的样本质量与从矩形分布产生的样本有关，也与所使用的算法的性能有关。因此，从非矩形分布中产生的样本的质量跟矩形分布产生的样本的质量有关。一个良好的矩形分布样本发生器和一个好的算法结合起来才能预期提供一个非矩形分布样本发生器。不论算法好坏，一个较差的矩形分布样本发生器预期提供的非矩形分布样本发生器肯定不会好。因此，所使用的矩形分布样本发生器稳定可靠是非常重要的。除非用户对它的来源非常清楚，否则一个没有经过适当测试的发生器是不能够使用的。不然会得到一个不切实际的结果。

从$[a,b]$上的矩形分布$R(a,b)$的一次随机抽样可由$a+(b-a)r$给出，其中r是从$[0,1]$上的矩形分布$R(0,1)$的一次随机抽样。

Matlab 默认使用的伪随机数生成算法为为梅森旋转算法（Mersenne twister），产生的双精度值位于区间$[2^{-53},1-2^{-53}]$，其周期为$(2^{19937}-1)/2$。

微软的 Excel 使用的伪随机数生成算法为威奇曼和希尔算法（Wichmann - Hill），其周期大约为2^{43}。

在 GUM 的附件 1 中推荐使用增强型威奇曼和希尔算法，其周期大约为2^{121}。

5.4.2 高斯分布

从标准高斯分布$N(0,1)$的抽样使用 Box - Muller 变换。其算法如下：

（1）从矩形分布$R(0,1)$中的独立随机两次抽样r_1,r_2；

（2）令$z_1=\sqrt{-2\ln r_1}\cos 2\pi r_2$

$$z_2=\sqrt{-2\ln r_1}\sin 2\pi r_2$$

则z_1,z_2为标准高斯分布$N(0,1)$中的两个相互独立的抽样。

高斯分布$N(\mu,\sigma^2)$的一次随机抽样由$\mu+\sigma r$给出，其中r是从标准高斯分布$N(0,1)$的一次随机抽样。

5.4.3 t 分布

从自由度为ν的t分布t_ν抽样的算法如下：

（1）从矩形分布$R(0,1)$中产生两个独立抽样r_1,r_2；

（2）若$r_1<1/2$，则设$t=1/(4r_1-1)$，$u=r_2/t^2$；否则$t=4r_1-3$，$u=r_2$；

（3）若$u<1-|t|/2$或者$u<(1+t^2/\nu)^{-(\nu+1)/2}$，接受$t$作为$t$分布的一个抽样；否则，重复步骤（1）。

t分布$t_\nu(\mu,\sigma^2)$的一次随机抽样由$\mu+\sigma t$给出，其中t是t分布t_ν的一次随机抽样。

5.4.4 曲线梯形分布

曲线梯形分布 CTrap(a,b,d)的一次随机抽样可由下式给出

$$a_s+(b_s-a_s)r_2$$

式中，$a_s=(a-d)+2dr_1$，$b_s=(a+b)-a_s$，r_1和r_2为矩形分布$R(0,1)$的独立的两次随机抽样。

5.4.5 反正弦分布

反正弦分布$U(a,b)$的一次随机抽样可由下式给出

$$\xi = \frac{a+b}{2} + \frac{b-a}{2}\sin 2\pi r$$

式中，r 为矩形分布 $R(0,1)$ 的一次随机抽样。

5.4.6　多元高斯分布

最重要的多元分布是多元（联合）高斯分布 $N(\boldsymbol{\mu},\boldsymbol{V})$，它的两个参数分布为 $n\times1$ 阶向量的期望 $\boldsymbol{\mu}$ 和 n 阶协方差矩阵 $\boldsymbol{V}$。$N(\boldsymbol{\mu},\boldsymbol{V})$ 的一次随机抽样可按如下算法得到。

（1）求出协方差矩阵 $\boldsymbol{V}$ 的柯勒斯基（Cholesky）分解因子 $\boldsymbol{R}$，即上三角矩阵满足 $\boldsymbol{V}=\boldsymbol{R}^T\boldsymbol{R}$。产生 q 个伪随机数，有必要执行一次此矩阵分解，且只要一次。

（2）从 n 维标准高斯分布 $N(0,1)\times N(0,1)\times\cdots\times N(0,1)$ 产生 q 个样本。也就是产生了标准高斯分布的一个 $n\times q$ 的矩阵 $\boldsymbol{Z}$ 的随机抽样。

（3）提供所需的随机抽样：

$$\boldsymbol{X}=\boldsymbol{\mu}\boldsymbol{1}^T+\boldsymbol{R}^T\boldsymbol{Z},$$

其中 $\boldsymbol{1}$ 表示一个 $q\times1$ 的单位列向量。Cholesky 分解因子 $\boldsymbol{R}$ 起着一个变换的作用，将不相关的标准化空间转换到所需的空间。

图5.2给出了二维高斯分布的产生的1000个随机抽样的三个例子。三个例子中，表征某个量的分布的期望都为 $\boldsymbol{\mu}=(2,3)^T$。在图5.2a）中，该量的协方差矩阵为

$$\boldsymbol{V}=\begin{bmatrix}2.0 & 0.0\\ 0.0 & 2.0\end{bmatrix}$$

也就是这个量的分量相互独立，且具有相同的标准偏差，点云像一个圆盘，其中心位于期望 $\boldsymbol{\mu}$ 处。在图5.2b）中，该量的协方差矩阵为

$$\boldsymbol{V}=\begin{bmatrix}1.0 & 0.0\\ 0.0 & 4.0\end{bmatrix}$$

也就是这个量的分量相互独立，每个分量具有不同的标准偏差，点云像一个椭圆，其长轴和短轴分别与坐标轴平行。在图5.2c）中，该量的协方差矩阵为

$$\boldsymbol{V}=\begin{bmatrix}2.0 & 1.9\\ 1.9 & 2.0\end{bmatrix}$$

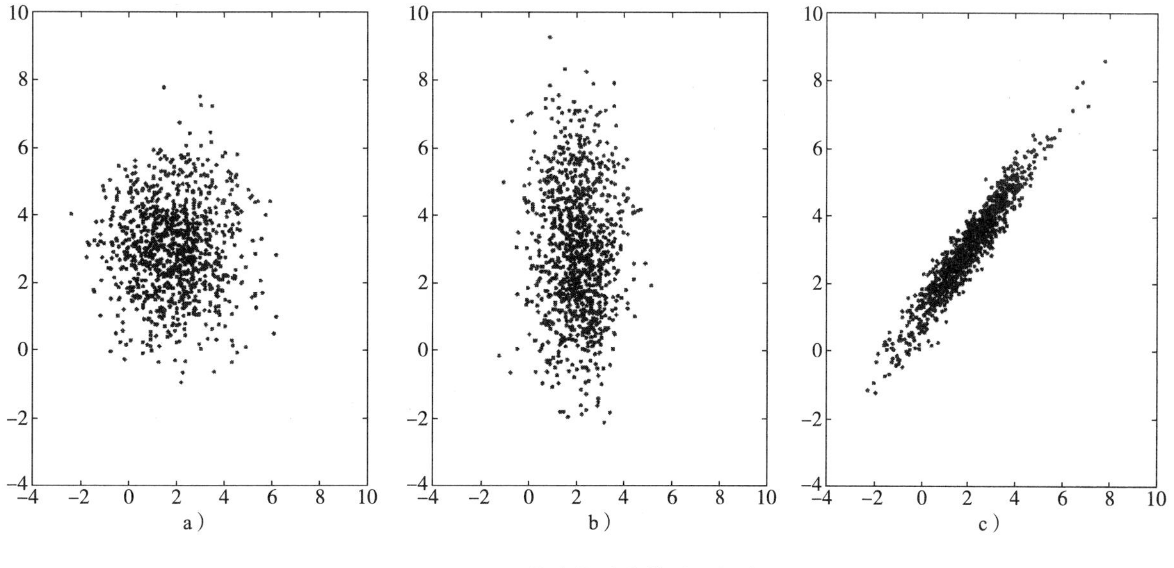

a）　　b）　　c）

图5.2　二维高斯分布的随机样本

也就是这个量的分量相关，点云像一个椭圆，其轴与坐标轴成一定的角度，该角度的大小由分量的协方差所决定。

5.5 模型值计算

从 N 个输入量的 PDF 中产生的值 $x_{1,1},x_{2,1},\cdots,x_{N,1}$，代入测量模型，得到一个模型值 $y_1=f(x_{1,1},x_{2,1},\cdots,x_{N,1})=f(x_1)$，重复 M 次，可得到 M 个模型值。设 M 个抽样结果为 $\boldsymbol{x}_1,\cdots,\boldsymbol{x}_M$，其中第 $\boldsymbol{r}$ 个样本 $\boldsymbol{x}_r$ 由 $x_{1,r},\cdots,x_{N,r}$组成，其中 $x_{i,r}$是从 X_i 的 PDF 中抽取的，因此模型值为

$$y_r=f(x_{1,r},x_{2,r},\cdots,x_{N,r})=f(x_r),r=1,\cdots,M \tag{5.1}$$

如果其中一些输入量 X_i 不独立，因此必须对这些不独立的输入量设定一个联合 PDF，一般设定为多元高斯分布。例如，假设输入量 X_1,X_2,X_3 不独立，其分布设定为多元高斯分布 $g_X(\xi)$，从该分布随机产生一个值 $x_{1,1},x_{2,1},x_{3,1}$，对于其他相互独立的输入量，则从各自的 PDF 中随机产生一个值，然后将这些值代入式(5.1)，得到一个模型值，这个过程重复 M 次，可得到 M 个模型值。

M 个模型值 $y_1,y_2,\cdots,y_M$ 用来计算输出量 Y 的估计值 y 以及其相关的标准不确定度 $u(y)$(5.6 节)，而且是计算 Y 的 PDF 的一个近似的基础。模型值也用来提供 Y 的分布函数的一个离散表示(5.7 节)，由此还可得到分布函数的连续近似函数。

值得注意的是，在蒙特卡洛程序中，模型是在输入量的样本值上计算的，这些样本值包含那些距离输入量的估计值高达数倍标准不确定度的值。而在 GUM 不确定度框架中，当应用不确定度传播律及使用解析的偏导数时，只在各输入量的最佳估计处计算模型及偏导数的值。比如在 GUM 不确定度框架中，合成标准不确定度 $u_c(y)$ 也可以数值计算，只要将式(2.7)中的 $c_iu(x_i)=u_i(y)$ 替换为

$$Z_i=\frac{1}{2}\{f[x_1,\cdots,x_i+u(x_i),x_{i+1},\cdots,x_N]-f[x_1,\cdots,x_i-u(x_i),x_{i+1},\cdots,x_N]\} \tag{5.2}$$

这就是说，$u_i(y)$是通过计算由于 x_i 变化 $\pm u(x_i)$而导致 y 的变化量数值来确定的。于是 $u_i(y)$的值可取为$|Z_i|$，而相应的灵敏系数的值 c_i 为 $Z_i/u(x_i)$。由式(5.2)可知，在应用不确定度传播律时，如果导数用数值(有限差分)近似时，则只需计算模型的值，而不需要计算偏导数，而且是在输入量的最佳估计值处及每个估计的一倍标准不确定度范围内的各点上，计算模型的值。由于在蒙特卡洛程序中，模型可能在距离输入量的估计值高达数倍标准不确定度的输入量的样本值上计算，对于用来计算模型的数值程序，有些情况需要考虑，如确保其收敛(使用迭代法)和数值稳定性。对于输入量的最佳估计值为中心的足够大的区域内的点，用户应保证计算测量模型的数值方法是有效的。

5.6 输出量的估计和标准不确定度

输出量的样本值 $y_r,r=1,\cdots,M$ 的平均值 $\tilde{y}$ 作为输出量的估计值 y，和这些值的标准偏

差 $u(\tilde{y})$ 作为 y 的标准不确定度 $u(y)$。$\tilde{y}$ 通过式(5.3)求得

$$\tilde{y} = \frac{1}{M}\sum_{r=1}^{M} y_r \tag{5.3}$$

和标准偏差由式(5.4)求得

$$u^2(\tilde{y}) = \frac{1}{M-1}\sum_{r=1}^{M}(y_r - \tilde{y})^2 \tag{5.4}$$

由中心极限定理可知,如果随机变量序列 $y_1,y_2,\cdots,y_M$ 独立同分布,且具有有限非零的方差 $u^2(y)$,不等式 $|\tilde{y}-y| < \frac{\lambda_\alpha u(y)}{\sqrt{M}}$ 近似地以概率 $1-\alpha$ 成立,因此,由式(5.3)计算得到的平均值 $\tilde{y}$ 以阶为 $O(M^{-1/2})$ 的速度收敛。其中 α 称为显著性水平,$1-\alpha$ 称为置信水平。λ_α 与 α 是一一对应的,即 λ_α 为概率为 $1-\alpha$ 时的包含因子,例如,$\alpha=0.05$ 时,$\lambda_\alpha=1.96$。

蒙特卡洛法的误差 ε 定义为

$$\varepsilon = \frac{\lambda_\alpha u(y)}{\sqrt{M}}$$

显然,当给定显著性水平 α 后,误差 ε 由 $u(y)$ 和 M 决定。要减小 ε,或者是增大 M,或者是减小方差 $u^2(y)$。在 $u(y)$ 固定的情况下,要把精度提高一个数量级,试验次数 M 需增加两个数量级。因此,可以适当增加试验次数,以减小蒙特卡洛法的抽样误差。

另一方面,如希望减小估计的标准不确定度 $u(y)$,比如降低一半,蒙特卡洛法的误差保持不变,这就需要 M 增大四倍。

由式(5.3)和式(5.4)可知,y 和 $u(y)$ 的计算要求计算 M 个数的和,且 M 的值很大,比如 10^5 或 10^6 的这个量级。因此,在计算和时,需要注意浮点运算相关的舍入误差的影响。

在一些特殊情况下,如其中一个输入量服从自由度小于 3 的 t 分布时,PDF 为 $g_Y(\eta)$ 的 Y 的期望和标准偏差可能不存在。式(5.3)和式(5.4)计算出的结果可能没有意义。

由式(5.3)得到的输出量的估计值 y 在输出量的估计值的所有可能选择中,它的均方差最小。但是,这个值 y 与在输入量的估计值处计算得到的模型值一般不相同,这是因为,对于非线性模型 $f(X)$,$E(Y)=E[f(X)]\neq f[E(X)]$。当模型为输入量的线性函数时,对于比较大的 M 值,y 与在输入量的估计值处计算得到的模型值将达到一致。即使 $M\to\infty$,y 的值一般不等于模型在输入量的期望值处的值 $f[E(X)]$,除非模型是线性的。但 M 趋近于无穷大时,无论 f 线性或者非线性,如果 $E[f(X)]$ 存在,则 y 的值近似等于 $E[f(X)]$。

> 输出量的估计值及其相关的标准不确定度的估计实施程序
>
> 输入参数:
>
> M——抽样个数,等于蒙特卡洛试验次数。
>
> y——模型值 $(y_1,y_2,\cdots,y_M)$,通过计算模型在 M 个样本 x_r 上的每一个值,即 $y_r=f(x_r)$,
>
> x_r 为 N 个输入量的 PDF 中每个抽取一个所组成的。输出参数:
>
> y——输出量的估计值:模型值的算术平均值
>
> $$y = \frac{1}{M}\sum_{r=1}^{M} y_r$$

$u(y)$——标准不确定度：模型值的标准偏差

$$u(y)=\sqrt{\frac{1}{M-1}\sum_{r=1}^{M}(y_r-y)^2}$$

采用上面的公式计算 $u(y)$，而不采用数学上等效的公式

$$u^2(y)=\frac{M}{M-1}\left(\frac{1}{M}\sum_{r=1}^{M}y_r^2-y^2\right)$$

这很重要。因为，计量学中，很多情况下，$u(y)$ 远小于 $|y|$（此时 y_r 具有许多首位有效数字相同），这时等效公式中数值上存在减消误差（包括平均值的平方均减去平方的平均值）。这影响非常严重，使得对于有效的不确定度评定，所得标准不确定度的值 $u(y)$ 的正确有效数字极少。

5.7　分布函数的离散表示

将 5.5 节获得的模型值 $y_r, r=1,\cdots,M$ 按非递减次序排序后得到输出量的分布函数的离散表示 $\boldsymbol{G}$。排序后的模型值记为 $y_{(r)}, r=1,\cdots,M$，离散表示由 $\boldsymbol{G}=(y_{(1)},\cdots,y_{(M)})$ 给出。

这里使用“非递减”，而不是“递增”，是因为模型值 y_r 有可能相等。但是要求排序后的模型值 $y_{(r)}$ 构成严格的递增序列，因此如有必要，要对所有重复的模型值 $y_{(r)}$ 进行微小的数值扰动，而且保持 $y_{(r)}$ 的统计特性不变。但是，由于以随机数发生器产生的样本作为输入量而计算出的模型值具有众多截然不同的浮点数，所以扰动极有可能是不必要的。

离散表示 $\boldsymbol{G}$ 用作计算输出量的包含区间的基础（5.8 节），且能从 $\boldsymbol{G}$ 推导出大量信息。特别指出的是，能得到期望和标准偏差的补充信息，如峰态系数和偏态系数以及其他统计量，如众数和中位数。

输出量分布函数的离散表示实施程序

输入参数：

M——抽样个数，等于蒙特卡洛试验次数。

y——模型值 $(y_1,y_2,\cdots,y_M)$，通过计算模型在 M 个样本 x_r 上的每一个值，即 $y_r=f(x_r)$，x_r 为 N 个输入量的 PDF 中每个抽取一个所组成的。

输出参数：

$\boldsymbol{G}$——输出量分布函数的离散表示，$\boldsymbol{G}=(y_{(1)},\cdots,y_{(M)})$，模型值按非递减次序排序。

应采用数值运算次数正比于 $M\ln M$ 的排序算法。低效算法的运算时间正比于 M^2，使得运算时间过长。

5.7.1　分布函数的近似

输出量的分布函数 $G_Y(\eta)$ 的一个近似 $\hat{G}_Y(\eta)$ 可按如下获得。对输出量分布函数的离

散表示 $\boldsymbol{G}$ 中的序值 $y_{(r)}$ 设定累积概率 $p_r=(r-1/2)/M, r=1,\cdots,M$，这些概率之间的间隔相同，都为 $1/M$。数值 $p_r, r=1,\cdots,M$ 分别为 M 个宽度为 $1/M$ 的相邻概率区间的中点，都位于 0 到 1 之间。

$\hat{G}_Y(\eta)$ 为连接 M 个点 $(y_{(r)},p_r), r=1,\cdots,M$ 的一个(连续)严格递增分段线性函数：

$$\hat{G}_Y(\eta)=\frac{r-1/2}{M}+\frac{\eta-y_{(r)}}{M(y_{(r+1)}-y_{(r)})},\quad y_{(r)}\leqslant\eta\leqslant y_{(r+1)},\quad r=1,\cdots,M-1 \tag{5.5}$$

使用输出量 Y 的分布函数的连续近似 $\hat{G}_Y(\eta)$ 有时候比使用 5.7 中的离散表示法 $\boldsymbol{G}$ 更有效。例如，不需要四舍五入就可以对分布函数进行抽样，就如离散情况一样。要求连续性操作的数值方法可以用来决定最小包含区间。

该输出量可能作为下一步不确定度评定中的输入量，因此式(5.5)这种形式为 $\hat{G}_Y(\eta)$ 的抽样提供了一个的基础，而且抽样也较为方便。

期望为 3 和标准偏差为 1 的高斯 PDF $g_Y(\eta)$ 的 $M=50$ 个样本，应用 MCM 得到的 $\hat{G}_Y(\eta)$，如图 5.3 所示。

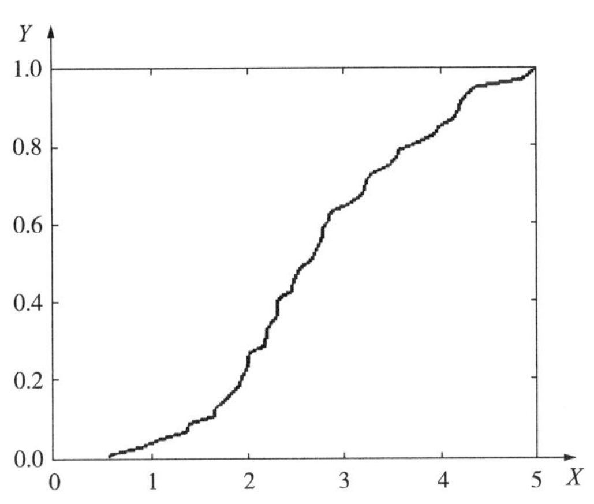

图 5.3　分布函数 $G_Y(\eta)$ 的近似函数 $\hat{G}_Y(\eta)$

> 输出量分布函数的近似实施程序
>
> 输入参数：
>
> M——抽样个数，等于蒙特卡洛试验次数。
>
> $\boldsymbol{G}$——输出量分布函数的离散表示，$\boldsymbol{G}=(y_{(1)},\cdots,y_{(M)})$，模型值按非递减次序排序。
>
> 输出参数：
>
> $\boldsymbol{p}$——概率 $(p_1,p_2,\cdots,p_M)$，其定义为
>
> $$p_r=(r-1/2)/M$$
>
> 函数 $\hat{G}_Y(\eta)$ 为连接 M 个点 $(y_{(r)},p_r), r=1,\cdots,M$ 的分段线性函数，提供了输出量分布函数的一个近似。对应于区间 $M/2\leqslant p\leqslant 1-M/2$ 内的概率 p 的 $\boldsymbol{\eta}$ 值，$\hat{G}_Y(\eta)$ 才有定义。位于该区间端点附近的值不应该使用，因为，它不太可靠。

输出量的估计及相关标准不确定度的式(5.3)和式(5.4)提供的值与由分布函数

$\hat{G}_Y(\eta)$表征的变量的期望和标准偏差一般是不相同的。后者的值由下式给出

$$\hat{y} = \frac{1}{M}\sum_{r=1}^{M}{}'' y_{(r)} \tag{5.6}$$

和

$$u^2(\hat{y}) = \frac{1}{M}\left(\sum_{r=1}^{M}{}''(y_{(r)} - \hat{y})^2 - \frac{1}{6}\sum_{r=1}^{M-1}(y_{(r+1)} - y_{(r)})^2\right) \tag{5.7}$$

其中式(5.6)的求和号和式(5.7)的第一个求和号上的双上撇号表示求和中第一项和最后一项的权重取一半。然而,对于足够大的 M 值(10^5 或者更大),在实际工作中,使用式(5.3)和式(5.4)获得的值与式(5.6)和式(5.7)给出的值一般是没有区别的。

5.7.2　分布函数的直方图表示

将 $y_{(r)}$(或 y_r)按数据的大小划分为若干个组,组距 Δx 相同,用每组出现的数据个数(称为频数 m_i)除以样本数 M,得频率 $f_i = m_i/M$,再除以组距 Δx,得频率密度 $f_i/\Delta x$。具体做法如下:

(1)取 a 略小于 $y_{(1)}$,b 略大于 $y_{(M)}$;

(2)将$[a,b]$分成 m 个小区间,$m<M$,小区间长度相同,每个区间的间隔都为 Δx,设分点为

$$a = t_0 < t_1 < \cdots < t_m < b$$

$\Delta x = t_j - t_{j-1}$,$j = 1,2,\cdots,m$,在分小区间时,注意每个小区间中都要有若干 y_r 值。

(3)记 m_i = 落在小区间$(t_{j-1},t_j]$中 y_r 值的个数(频数),计算频率 $f_i = m_i/M$。

(4)在直角坐标系的横轴上,标出 $t_0,t_1,\cdots,t_m$ 各点,分别以$(t_{j-1},t_j]$为底边,作高为 $f_j/\Delta x$ 的矩形,$j=1,2,\cdots,m$,得直方图,如图 5.4 所示,即为频率分布。

频率分布提供了 Y 的 PDF$g_Y(\eta)$一个近似。直方图的分辨率取决于选用的子区间间隔的大小。所以一般不根据直方图,而是根据离散表示 $\boldsymbol{G}$ 来进行相关的计算,如输出量的最佳估计值及其相关的不确定度等。但是,直方图可帮助我们理解 PDF 的本质,如非对称性的程度。如果模型简单且 M 非常大,如10^8 或10^9,则获得离散表示 $\boldsymbol{G}$ 的所需排序时间会远长于 M 个模型的计算时间。这种情况下,相关计算基于 $g_Y(\eta)$的近似进行,该近似根据 y_r 的合适的直方图获得。

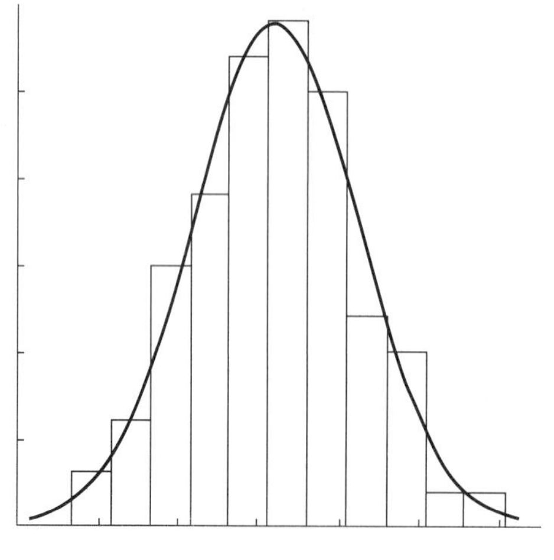

图 5.4　统计直方图

5.8　输出量的包含区间

给定一个随机变量 Y 的 PDF$g_Y(\eta)$，其分布函数为 $G_Y(\eta)$，α 分位数是这样的值 η_α，使得

$$G_Y(\eta_\alpha) = \int_{-\infty}^{\eta_\alpha} G_Y(\eta)\mathrm{d}\eta = \alpha$$

即位于值 η_α 左边的 $g_Y(\eta)$ 的比例等于 α。

设 α 表示 0 和 $1-p$ 之间的任何值，其中 p 是所要求的包含概率（例如，0.95）。输出量的 $100p\%$ 包含区间端点为 $G_Y(\eta)$ 的 α 分位数和 $(p+\alpha)$ 分位数，即，η_α 和 $\eta_{\alpha+p}$。若用分布函数 $G_Y(\eta)$ 的逆表示，输出量的 $100p\%$ 包含区间端点为 $G_Y^{-1}(\alpha)$ 和 $G_Y^{-1}(p+\alpha)$。

一个 95% 包含区间可以是 $[\eta_\alpha \quad \eta_{0.95+\alpha}]$，若 $\alpha=0.01$，则一个 95% 包含区间为 $[\eta_{0.01} \quad \eta_{0.95+0.01}] = [\eta_{0.01} \quad \eta_{0.96}]$。由此可看出，一个 95% 包含区间有无穷多个。

要得到 $100p\%$ 概率对称包含区间，即小于 η_α 的概率等于大于 $\eta_{\alpha+p}$ 的概率，因此，要求 $\alpha=1-p-\alpha$，即 $\alpha=(1-p)/2$，则 $100p\%$ 概率对称包含区间为 $[\eta_{(1-p)/2} \quad \eta_{(1+p)/2}]$。

选择 $\alpha=0.025$ 给出的包含区间，定义为 0.025 分位数和 0.975 分位数。这种选择提供的 95% 包含区间就是概率对称的。Y 小于区间左端点的概率是 2.5%，大于右端点的也为 2.5%。如果 $g_Y(\eta)$ 关于它的期望对称，包含区间关于输出量的估计 y 是对称的，包含区间的左端点和右终点与 y 等距离。

如果 PDF 不对称，则不等于 $(1-p)/2$ 的 α 可能更为合适。例如，$p=0.95$ 时，不同于 0.025 的 α 值一般是适当的。此时，可采用最短 $100p\%$ 包含区间。通常情况下 α 值使得 $\eta_{(p+\alpha)}-\eta_\alpha$ 达到最小。

若 PDF 不对称，通常最短包含区间是必需的，因为它对应于指定的包含概率时输出量 Y 的最佳可能位置。如果 $g_Y(\eta)$ 是单峰的，一般情况下，α 的值使得 $\eta_{(p+\alpha)}-\eta_\alpha$ 是最短的。

对于对称的 PDF，如 GUM 法中使用的高斯分布和缩放位移 t 分布，概率对称包含区间和最短包含区间是相同的。

5.8.1　由离散表示 G 确定包含区间

可由输出量的分布函数的离散表示 $\boldsymbol{G}$ 来确定包含区间的端点。

例如，若 $p=0.95$，蒙特卡洛试验数 $M=10000$，根据包含区间的定义，模型值 y_r 在 $[\eta_\alpha \quad \eta_{0.95+\alpha}]$ 内的概率为 0.95，也就是 y_r 在 $[\eta_\alpha \quad \eta_{0.95+\alpha}]$ 的个数为 $pM=9500$。因此，95% 包含区间可能为 $[y_{(1)}, y_{(9501)}]$，$[y_{(2)}, y_{(9502)}]$，…，$[y_{(500)}, y_{(10000)}]$。95% 概率对称包含区间的两个端点为 0.025 分位数和 0.975 分位数。小于 0.025 分位数的比例为 0.025，即，小于 0.025 分位数的模型值 y_r 的个数为 $0.025\times10000=250$。因此，95% 概率对称包含区间为 $[y_{(250)}, y_{(9750)}]$。

若 $p=0.95$，蒙特卡洛试验数 $M=9991$，y_r 在 $[\eta_\alpha \quad \eta_{0.95+\alpha}]$ 的个数为 $pM=9491.45$。因为，个数必须是正整数，因此，对 pM 的值四舍五入，得到 $pM=9491$。这个过程就是相当于对 $pM+1/2$ 取整数部分。因此，95% 包含区间可能为 $[y_{(1)}, y_{(9492)}]$，$[y_{(2)}, y_{(9593)}]$，…，

$[y_{(500)}, y_{(9991)}]$。小于0.025分位数的模型值 y_r 的个数为 $0.025 \times 9991 = 249.75 \approx 250$，因此，95%概率对称包含区间为$[y_{(250)}, y_{(9741)}]$。

上述500个区间中长度最短的那个区间就是最短 $100p\%$ 包含区间。

由以上分析，可得出由输出量的分布函数的离散表示 $\boldsymbol{G}$ 来确定包含区间的端点的基本方法如下：

如果 pM 为整数，设 $q = pM$，否则取 q 的值为 $pM + 1/2$ 的整数部分。则$[y_{\text{low}}, y_{\text{high}}] = [y_{(r)}, y_{(r+q)}]$对任意的 $r = 1, \cdots, M-q$，为 Y 的 $100p\%$ 包含区间。如果$(M-q)/2$ 是整数，取 $r = (M-q)/2$；否则，取 r 等于$(M-q+1)/2$ 的整数部分，可得概率对称的 $100p\%$ 包含区间。确定 $r = r^*$，使得 $y_{(r^*+q)} - y_{(r^*)} \leqslant y_{(r+q)} - y_{(r)}$，$r = 1, \cdots, M-q$，可获得最短 $100p\%$ 包含区间。

5.8.2　由分布函数的近似确定包含区间

可由5.7.1节中获得的 $G_Y(\eta)$ 的近似 $\hat{G}_Y(\eta)$ 得到包含区间的端点。对于足够大的 M 值，使用 $G_Y(\eta)$ 的离散表示 $\boldsymbol{G}$ 获得的包含区间可以预期与使用近似 $\hat{G}_Y(\eta)$ 获得的包含区间在实际中是没有区别的。为了找到左端点 y_{low}，使得 $\alpha = \hat{G}_Y(y_{\text{low}})$，确定指标 r，使得两点$(y_{(r)}, p_r)$和$(y_{(r+1)}, p_{r+1})$满足

$$p_r \leqslant \alpha \leqslant p_{r+1}$$

然后，通过逆线性插值，

$$y_{\text{low}} = y_{(r)} + (y_{(r+1)} - y_{(r)})\frac{\alpha - p_r}{p_{r+1} - p_r}$$

同样，上端点 y_{high} 可由下式计算

$$y_{\text{high}} = y_{(s)} + (y_{(s+1)} - y_{(s)})\frac{\alpha - p_s}{p_{s+1} - p_s}$$

其中确定指标 s，使得两点$(y_{(s)}, p_s)$和$(y_{(s+1)}, p_{s+1})$满足

$$p_s \leqslant p + \alpha \leqslant p_{s+1}$$

选择 $\alpha = 0.025$ 给出的包含区间，定义为0.025分位数和0.975分位数。这种选择提供的95%包含区间是概率对称的。

最短包含区间一般由 $\hat{G}_Y(\eta)$ 通过计算可得到，确定 α 使得 $\hat{G}_Y^{-1}(p+\alpha) - \hat{G}_Y^{-1}(\alpha)$ 最小。确定最小的一种简单的方法就是，对足够多的0和 $1-p$ 之间的 α 的选择$\{\alpha_k\}$，计算 $\hat{G}_Y^{-1}(p+\alpha) - \hat{G}_Y^{-1}(\alpha)$，从集合$\{\alpha_k\}$中选择值 α_l 从集合$\{\hat{G}_Y^{-1}(p+\alpha_k) - \hat{G}_Y^{-1}(\alpha_k)\}$产生最小值。

5.9　自适应蒙特卡洛法

为了通过MCM获得可靠的结果，一个基本参数是试验次数 M 或执行模型计算的次数。若事先选择 M，则对结果就不会有直接控制。为了获得95%的包含区间，值 $M = 10^6$ 通常认为是合适的，但测量过程的随机特性以及输出量 Y 的概率分布的性质都对所选择的 M 值有影响，这样会导致每种情况下具有不同的 M 值。正是因为如此，MCM的实施以自适应的方

式进行,即蒙特卡洛试验次数不断增加,直至所需要的不同结果达到统计意义上的稳定。建立结果的稳定性条件与达到给定的数值容差的目的要相一致。如果一个数值结果的标准偏差的两倍小于标准不确定度 $u(y)$ 的数值容差时(5.9.1),认定该数值结果稳定。

5.9.1　和一个数值有关的数值容差

数值容差 numerical tolerance

最短区间的半宽度,该区间包含能正确表达到指定位数的有效十进制数的所有数。

例1　大于1.75且小于1.85的所有数可以表达为两位有效十进制数1.8的数值容差就是$(1.85-1.75)/2=0.05$。

z 相关的数值容差 δ 按下列方式给出。

首先,将数值 z 表示为 $c\times10^{l}$ 的形式。其中,c 是 n_{dig} 位十进制整数,l 是整数,n_{dig} 表示数值 z 的有效数字的个数。那么,z 的数值容差 δ 取为

$$\delta=\frac{1}{2}10^{l} \tag{5.8}$$

上面例1中,数值1.8为两位有效数字,因此 $n_{\mathrm{dig}}=2$,也就是 c 是两位十进制整数,$c=18$,因此数值1.8表示为 18×10^{-1} 的形式。则数值1.8的数值容差 δ 为 $\delta=1/2\times10^{-1}=0.05$。

例2　标称值为100g的标准砝码的输出量的估计值为 $y=100.02147\mathrm{g}$,标准不确定度 $u(y)=0.00035\mathrm{g}$,这两个有效数字都是有意义的。因此,$n_{\mathrm{dig}}=2$ 时,$u(y)$ 表示为 $35\times10^{-5}\mathrm{g}$,此时 $c=35$,$l=-5$,则 $\delta=1/2\times10^{-5}\mathrm{g}=0.000005\mathrm{g}$。

例3　若 $u(y)$ 只有一位有效数字有效,其余同例2。此时 $n_{\mathrm{dig}}=1$,$u(y)=0.0004\mathrm{g}=4\times10^{-4}\mathrm{g}$,得到 $c=4$,$l=-4$,因此 $\delta=1/2\times10^{-4}\mathrm{g}=0.00005\mathrm{g}$。

例4　在温度测量中,$u(y)=2\mathrm{K}$。则 $n_{\mathrm{dig}}=1$,$u(y)=2\times10^{0}\mathrm{K}$,此时 $c=2$,$l=0$,因此 $\delta=1/2\times10^{0}\mathrm{K}=0.5\mathrm{K}$。

5.9.2　自适应方法的目的

自适应方法的目的是为了获得:

(1) Y 的估计 y;

(2) 标准不确定度 $u(y)$;

(3) 约定包含概率下 Y 的包含区间的端点 y_{low} 和 y_{high}。

以上四个值中的每一个可预期都满足所需的数值容差。

5.9.3　自适应方法

自适应 MCM 的计算算法包括以下步骤:

(1) 选择所需的包含概率 p;

(2) 选择不确定度 $u(y)$ 的十进制数字的个数 n_{dig}。n_{dig} 一般取1或2。

(3) 自适应蒙特卡洛方法实际上是一种序贯批处理方法,每批的试验次数都相同。一般每批的试验次数取 $M=\max(J,10^{4})$,其中 J 是大于或等于 $100/(1-p)$ 的最小整数。这两个值 J 和 10^{4} 有意选择比 MCM 的试验次数(一般为 10^{6} 量级)要小得多,这是为了分析每批

试验后所需确定的参数的统计量的变动性。

(4)变量 h 为所进行的蒙特卡洛试验的批数。为了实施第1批次的蒙特卡洛试验，设$h=1$。

(5)对于第 h 批次蒙特卡洛试验，根据5.4和5.5节所示的方法，执行 M 次蒙特卡洛试验，按5.5节所示的方法，计算得到 M 个模型值 $y_1,\cdots,y_M$，再按5.6节和5.8节所示的方法，计算出如下的估计参数：

(a)算术平均值作为输出量 Y 的估计值 y

$$y^{(h)} = \sum_{r=1}^{M} y_r$$

(b)标准偏差作为估计值 y 的标准不确定度 $u(y)$：

$$u(y^{(h)}) = \sqrt{\frac{1}{M-1}\sum_{r=1}^{M}(y_r - y)^2}$$

(c)设 q 为 $pM+1/2$ 的整数部分。对 M 个模型值 $y_1,\cdots,y_M$ 从小到大进行排序，记为 $y_{(r)}$，$r=1,2,\cdots,M$，Y 的概率对称包含区间为$[y_{\text{low}}^{(h)},y_{\text{high}}^{(h)}]$。该 $100p\%$ 包含区间的左、右端点分别为 $y_{\text{low}}^{(h)}=y_{(r)}$，$y_{\text{high}}^{(h)}=y_{(r+q)}$。如果所需结果是最短包含区间，则确定 $r=r^*$，对于每个值 $r=1,\cdots,M-q$，使得 $y_{(r^*+q)}-y_{(r^*)}\leqslant y_{(r+q)}-y_{(r)}$。

(6)为了分析这些参数，即输出量 Y 的估计值 y 和其标准不确定度 $u(y)$ 以及 Y 的 $100p\%$ 包含区间的左、右端点 $y_{\text{low}}^{(h)}$ 和 $y_{\text{high}}^{(h)}$ 的变动性，一个以上的批次试验是必需的，因此若 $h=1$，则增加一次，返回步骤(5)。

(7)在每个批次试验后，必须计算这些参数的平均值和标准偏差：

(a)对于估计值

$$y(h) = \frac{1}{h}\sum_{i=1}^{h} y^{(i)}$$

$$s_y(h) = \sqrt{\frac{1}{h(h-1)}\sum_{i=1}^{h}\left(y^{(i)} - y(h)\right)^2}$$

(b)对于标准不确定度

$$u_y(h) = \frac{1}{h}\sum_{i=1}^{h} u\left(y^{(i)}\right)$$

$$s_{u(y)}(h) = \sqrt{\frac{1}{h(h-1)}\sum_{i=1}^{h}\left(u(y^{(h)}) - u_y(h)\right)^2}$$

(c)对于包含区间的左端点

$$y_{\text{low}}(h) = \frac{1}{h}\sum_{i=1}^{h} y_{\text{low}}^{(i)}$$

$$s_{y\text{low}}(h) = \sqrt{\frac{1}{h(h-1)}\sum_{i=1}^{h}\left(y_{\text{low}}^{(i)} - y_{\text{low}}(h)\right)^2}$$

(d) 对于包含区间的右端点

$$y_{\text{high}}(h) = \frac{1}{h}\sum_{i=1}^{h} y_{\text{high}}^{(i)}$$

$$s_{y\text{high}}(h) = \sqrt{\frac{1}{h(h-1)}\sum_{i=1}^{h}\left(y_{\text{high}}^{(i)} - y_{\text{high}}(h)\right)^2}$$

(8)为了对结果应用稳定性标准,必须计算出 Y 的估计值 y 的标准不确定度 $u(y)$ 的数值容差 δ。不确定度 $u(y)$ 的计算如同步骤(5)中一样,但利用所有的 $h\times M$ 模型值。

(9)如果 $2s_y(h)$,$2s_{u(y)}(h)$,$2s_{ylow}(h)$ 和 $2s_{yhigh}(h)$ 中的任何一个值大于 δ,则 h 增加 1,增加一批次蒙特卡洛试验,返回到步骤(5)。直到 $2s_y(h)$,$2s_{u(y)}(h)$,$2s_{ylow}(h)$ 和 $2s_{yhigh}(h)$ 中的任何一个值大于 δ 为止。即所有的计算已达稳定。

(10)一旦所有的计算已达稳定,最后利用获得的 $h\times M$ 个模型值来计算出 y,$u(y)$ 和 $100p\%$ 包含区间。

5.10　蒙特卡洛法应用到一个简单的非线性模型

考虑模型 $Y=X^2$,输入量 X 的期望 1.2 和标准偏差 0.5 并设定为高斯 PDF。

首先,蒙特卡洛试验数 M 为 500。从设定给 X 的高斯分布抽取的值为 x_r,$r=1,\cdots,M$。根据该模型计算对应的模型值 $y_r=x_r^2$。按照 5.7.1 节所介绍的方法,构造 Y 的分布函数的一个近似,为连接点$(y_{(r)},p_r)$的分段线性函数,$r=1,\cdots,M$,其中 $p_r=(r-1/2)/M$。图 5.5 给出了这样得到的分布函数的近似以及 y_r 值的直方图。直方图可看成是 Y 的 PDF 的近似,但它是离散的,且是缩放的。

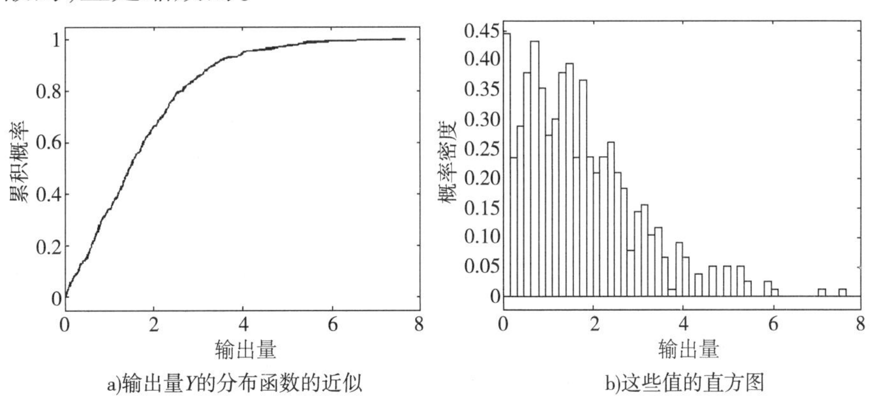

图 5.5　蒙特卡洛法

从函数的光滑程度上看,分布函数的近似比相应的 PDF 近似要光滑。这样的结果一般是可预料到的,这主要因为,PDF 是分布函数的导数,而函数的导数的数值近似的准确性往往比函数的近似的准确性差很多。

重复上述过程,但试验次数为 $M=50000$。见图 5.6。显而易见,结果的平滑性得到很大的增强。试验次数越大,所得结果计算出的统计量将更为可靠。可以预计,增加试验次数 100 倍,在计算的统计量中准确度会增加一位有效数字。

由于分辨力的增强,在 $M=50000$ 时的 PDF 中能分辨出某个特征(图 5.6),而 $M=500$ 时该特征不明显(图 5.5)。这个特征就就是 PDF 存在双峰,除了主峰外,在原点附近有一宽度很窄的峰。这不是抽样程序的影响,而是因为根据其 PDF,X 的值的 0.8% 为负。这些值位于期望 $\mu=1.2$ 和标准偏差 $\sigma=0.5$ 的 X 的高斯 PDF 的左尾部。标准高斯分布下,位于点 $z=(0-\mu)/\sigma=-2.4$ 的左边的面积也就是这个比例 0.8%。通过模型 $Y=X^2$,这些值取平方,与非常小且非负的 X 的值汇聚在一起,才导致 Y 的 PDF 存在这个特征。

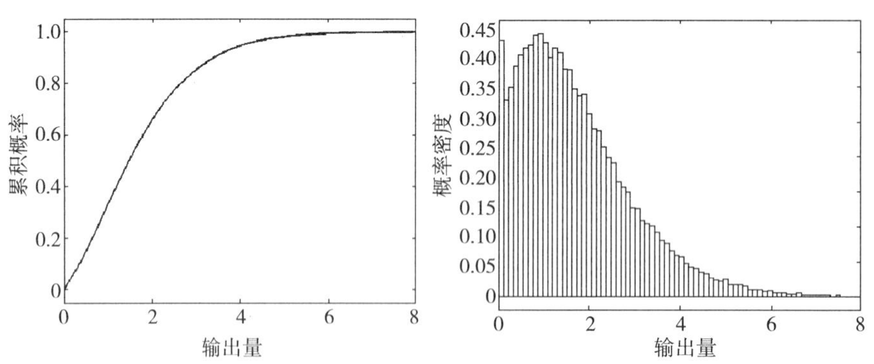

图 5.6 如图 5.5 但基于 50000 蒙特卡洛试验

不确定度传播律给出的输出量的估计值和相关的标准不确定度分别是 1.44 和 1.20。而所描述的蒙特卡洛法提供的分别为 1.70 和 1.26。在这个例子中不确定度传播律给出的标准不确定度是合理的，但估计的期望低于正确值。事实上这个值是可以通过解析方法准确得到。

这个例子中还有另一个特点值得注意。$M = 50000$ 的情况下，Y 的 95% 包含区间，由（近似）分布函数的 0.025 分位数和 0.975 分位数所确定，为[0.1,4.8]。GUM 不确定度框架给出的 $1.44 \pm 1.96 \times 1.20$，即[$-0.9$,3.8]。两种方法给出的包含区间的长度相同。但 GUM 不确定度框架所提供的区间相对于所描述的蒙特卡洛法给出的要向左偏移。事实上，GUM 不确定度框架提供的包含区间中的 -0.9 到 0 这部分是不切实际的，因为从它的定义，Y 不可能取负值。

利用所描述的蒙特卡洛法及应用 GUM 不确定度框架也可计算出其他包含概率下的包含区间。再次观察到存在明显的差异。例如，对于包含概率为 99.8%（高斯假设下对应包含因子为 3），蒙特卡洛法提供的包含区间是[0.0,7.5]和 GUM 不确定度提供框架的为[-2.2,5.1]。

虽然这个例子看起来比较极端，但在计量领域如 EMC 测量，具有较大不确定度的情况并不少见。标准不确定度和估计值大小相当的例子也有，例如几何计量和光度学和辐射测量。

5.11 蒙特卡洛法的性质

（1）伪随机数发生器的可用性。要求伪随机数发生器适用于设定给计量中可能出现的输入量 PDF 和联合 PDF。

（2）伪随机数发生器的质量。众所周知，一些伪随机数发生器产生一系列的值，不能满足标准随机性测试。

（3）重复性。所得的结果未必是可重复的，从而使得所描述的蒙特卡洛法的软件测试很难。相同的随机数发生器，使用相同的种子，必须提供准确的重复结果。

（4）复杂的模型。如果模型复杂时，蒙特卡洛试验次数太大，所需的计算时间可能比较长。

（5）模型计算。所描述的蒙特卡洛法中，模型示在每一组输入量抽样值上计算，抽样值的范围很大,包括远离输入量估计值几个“标准偏差”的那些值。而基于不确定度传播律的程序,只在输入量估计处计算测量模型。由于这个原因,用来计算模型的数值程序可能会出现一些问题,例如,确保其收敛(使用了迭代方法)和数值稳定性。

(6)使用简单明了。软件可以这样实现,用户只需提供模型和定义设定给输入量的PDF的参数等有关信息。

(7)提供输出量的分布函数的一个离散表示(而不是一个单一的统计量,如标准偏差)。任何所需的统计量(标准偏差,高阶矩等),包含区间,以及派生的统计量,如输出量Y的任何函数的估计值相关的不确定度,都可以从这离散表示计算出。

(8)适用于众多各类模型。所描述的蒙特卡罗法广泛适用,无论模型的性质如何:

①该模型可以是线性的,非线性不强或非线性很严重。例如,为了确定输出量估计值相关的统计量的无偏估计,不需要对模型进行初始分析以决定泰勒级数展开需要多少项数才足够近似f。

②输入量估计值的不确定度可能相对比较大。

③对输出量Y的PDF未作任何假设。因此,有可能为负的变量的分布可合理近似。

(9)不要求对称性。使用所述的蒙特卡洛方法时,对设定给输入量的PDF或输出量的PDF的对称性未作任何假设。因此,没有必要,“对称化”任何PDF。

(10)偏导数不是必需的。没有必要获得模型关于输入量的偏导数的代数表达式,以及计算这些表达式在输入量的估计值处的值。

(11)避免有效自由度的概念。所述的蒙特卡洛方法避免了有效自由度的概念。

5.12　蒙特卡洛法的总结

所述蒙特卡洛法是一种工具,与一般GUM法是一致的。主要的区别是,不是通过一个线性化模型传播不确定度,而是通过模型传播输入量的PDF来计算输出量的PDF的一个近似。从输出数量的PDF可得到包含区间,而不需要假设输出量的PDF为高斯,t分布或任何其他的分布。

蒙特卡洛法可以直截了当地应用到各类不确定确定度评定问题。

对于简单的模型,蒙特卡洛试验次数可以选择相当大,例如10^6。

复杂的模型,实现质量相媲美的结果,所花的时间可能稍长,但对现在的计算机水平而言,计算时间不会是问题。

第 6 章　GUM 不确定度框架的验证

GUM 不确定度框架有一定的局限性。虽然该方法可以预期在很多情况下效果很好，但它通常难以量化近似的影响，即线性化，计算有效度自由度的韦尔奇—萨特思韦特公式和输出量是高斯的假设（即中心极限定理适用）。事实上，这样做的难度通常会比应用蒙特卡洛法所需要的更大。因此，因这些情况下不能轻易进行测试，因此任何疑问应验证。为此，建议，GUM 不确定度框架和所述的蒙特卡洛法都应用，且结果进行比较。如果比较是有利的，GUM 不确定度框架适用于此场合及今后足够类似的情形。否则，可考虑使用蒙特卡洛法来代替。

具体来说，建议采用下面两个步骤和比较过程。

（1）应用 GUM 不确定度框架得到输出量的 100p% 包含区间 $y \pm U_p$，此处 p 为约定的包含概率；

（2）运用所述的蒙特卡洛方法获得输出量估计值相关的标准不确定度 $u(y)$ 和输出量的 95% 包含区间的端点值 y_{low} 和 y_{high}；

比较过程的目的是，确定由 GUM 不确定度框架及蒙特卡洛方法获得的包含区间在约定的近似程度下是否一致。此近似程度根据包含区间的端点来评定，且与不确定度 $u(y)$ 的有效十进制数字的有效数位相符合。具体过程如下：

确定 $u(y)$ 的数值容差 δ。

GUM 不确定度框架和所述的蒙特卡洛方法获得的包含区间进行比较，确定是否能获得 GUM 不确定度框架提供的包含区间中正确十进制数字的所需位数，尤其可确定

$$d_{low} = |y - U(y) - y_{low}| \tag{6.1}$$

和

$$d_{high} = |y + U(y) - y_{high}| \tag{6.2}$$

即两个包含区间的各自端点的绝对偏差。如果这两个量 d_{low} 和 d_{high} 都不大于 δ，则比较就是成功的，GUM 不确定度框架可通过验证。

第7章　电子表格软件的应用

使用电子表格软件实施蒙特卡洛法评定测量不确定度，只需要较少的数学知识，且容易实现。常用的电子表格软件有微软的Excel和金山的WPS电子表格软件。

Excel是目前市场上功能最强大的电子表格软件。Excel不仅具有强大的数据组织、计算、分析和统计功能，还可以通过图表、图形等多种形式形象地显示处理结果。

WPS表格是WPS OFFICE的三个组件之一，类似于微软公司的Excel，是应用众多的电子表格类处理软件之一。

7.1　公式和函数的使用

7.1.1　输入公式

(1)公式的形式

输入公式的形式为“=表达式”。公式最前面是等号(=)，后面是参与计算的元素(运算数)和运算符。运算数可以是常量数值、单元格。

(2)公式输入的方法

可直接在单元格中输入公式：

①单击要输入公式的单元格。

②在单元格中输入一个等号“=”。

③输入公式的内容。

④按回车键。

(3)公式中使用的运算符

在蒙特卡洛法评定测量不确定度中可以使用的运算符主要有：

①算术运算符：加(+)、减(-)、乘(*)、除(/)、指数(0)。可以完成基本的算术运算，并得到所需结果。

②区域运算符(:冒号)：对两个引用之间，包括两个引用在内的所有单元格进行引用。

7.1.2　常用函数

在蒙特卡洛法评定测量不确定度中，产生常用分布的随机数是实施MCM的关键。

高斯分布：NORMINV(RAND(), x, u)

产生期望为 x，标准偏差为 u 的高斯分布的随机数。期望 x 一般为输入量的最佳估计值，标准偏差 u 为对应的标准不确定度。

矩形分布：RAND()

产生[0,1]矩形分布的随机数。

矩形分布：$a+(b-a)*$RAND()

产生[a,b]矩形分布的随机数。

矩形分布：$x+2*a*$(RAND()－0.5)

产生输入量的最佳估计值为 x，矩形分布的半宽度为 a 的随机数，即矩形分布的上下限为 $x-a$，$x+a$。

矩形分布：$x+2*u*$SQRT(3)＊(RAND()－0.5)

产生输入量的最佳估计值为 x，标准不确定度为 u 的矩形分布的随机数。

三角分布：$x+a*$(RAND()－RAND())

产生输入量的最佳估计值为 x，三角分布的半宽度为 a 的随机数，即三角分布的上下限为 $x-a$，$x+a$。

三角分布：$a+(b-a)*$(RAND()＋RAND())

产生[a,b]三角分布的随机数。

三角分布：$x+u*$SQRT(6)＊(RAND()－RAND())

产生输入量的最佳估计值为 x，标准不确定度为 u 的三角分布的随机数。

t 分布：$x+u*$TINV(RAND()，v_{eff})

产生输入量的最佳估计值为 x，标准不确定度为 u 的，自由度为 v_{eff}的 t 分布的随机数。

反正弦分布：$(a+b)/2+(b-a)/2*\sin(2*$PI()＊RAND())

产生[a,b]反正弦分布的随机数。

7.2　电子表格软件在 MCM 中的应用

下面用一个简单的例子来说明 Excel 在 MCM 法中是如何应用的。这里的基本操作方法在 WPS 表格中也同样适用。在这个例子中，一个值 y 是由输入量 a，b，c 计算得到，模型为

$$y=\frac{a}{b-c}$$

a，b，c 的估计值，标准不确定度以及设定的分布见表 7.1 的第三行和第四行。

步骤如下：

(1)在 Excel 表格中的第三行和第四行分别输入参数的值的大小和它们的标准不确定度，或矩形分布或三角分布时，输入其区间半宽度，或上下限。

(2)也在第三行计算输出量 y 的值。

(3)在估计值和不确定度下方的某个合适行开始(表 7.1 中第 8 行为开始行)，为给定参数下的每个分布键入合适的公式。从不同的分布产生随机数的 Excel 的公式可参考 7.1.2 节。例如，在 C8 单元格中，输入"＝NORMINV(RAND()，C$3，C$4)"，按回车键，就会产生一个均值为 1.00，标准偏差为 0.05 的高斯分布的随机数。

注意在公式中，必须包括对含有参数值和标准不确定度的那个单元格的绝对引用。绝对引用是指向引用工作表中固定的单元格。当公式被复制到其他位置时，公式内容不会发生变化。例如，将 C8 单元格中的公式复制到 C9 单元格中，公式仍然是"＝NORMINV(RAND()，C$3，C$4)"，在公式中用"$"表示绝对引用。

(4)通过复制 G3 单元格到 G8 单元格,就可计算出 y 的结果。注意,这里是相对引用。相对引用是指向相对于公式所在单元格相应位置的单元格。当公式被复制到其他位置时,Excel 会根据移动的位置调节引用单元格。例如,在 G3 单元格中输入公式" = C3/(D3 - E3)",将此公式复制到 C8 单元格中,公式将变为" = C8/(D8 - E8)"。

表 7.1　MCM 的 Excel 实现

	A	B	C	D	E	F	G
1							
2			a	b	c		y
3		Value	1.00	3.00	2.00		=C3/(D3-E3)
4	Standard uncertainty		0.05	0.15	0.10		=STDEV (G8:G507)
5		Distribution	Normal	Normal	Normal		
6							
7		Simulation	a	b	c		y
8			=NORMINV(RAND(), C$3,C$4)	=NORMINV(RAND(), D$3,D$4)	=NORMINV(RAND(), E$3,E$4)		=C8/(D8-E8)
9			1.024702	2.68585	1.949235		1.39110
10			1.080073	3.054451	1.925224		0.95647
11			0.943848	2.824335	2.067062		1.24638
12			0.970668	2.662181	1.926588		1.31957
⋮			⋮	⋮	⋮		⋮
506			1.004032	3.025418	1.861292		0.86248
507			0.949053	2.890523	2.082682		1.17480
508							

(5)产生更多的随机数以及 y 的结果。这个可通过复制来完成。

例如,①单击 C8 单元格。

②将鼠标指针指向 C8 单元格右下角的填充柄。

③鼠标指针变为黑色小十字型时,再按住鼠标左键向下拖动填充柄至 C507 单元格。

这样就产生了输入量 a 的 500 个随机数。

或者,还可按如下步骤来完成上述任务。

①复制 C8 单元格。

②单击 C9 单元格,按住鼠标左键向下拖动至 C507 单元格后,放开鼠标。

③粘贴。

这样也可产生输入量 a 的 500 个随机数。

(6)y 的标准不确定度的 MCM 估计就是所有的 y 的仿真值的标准偏差,如表 7.1 的 G4 单元格。还可计算估计值 y 的 $100p\%$ 包含区间。例如,95% 包含区间的端点为 0.025 分位数和 0.975 分位数。这个可用 Excel 的内置函数来实现,分别为 PERCENTILE(G8:G507,0.025)和 PERCENTILE(G8:G507,0.975)。

输出量 y 的分布可通过使用 Excel 内置函数产生直方图来观测。对这个例子,使用表 7.1 中的数据,500 个数给出的 y 的标准不确定度为 0.23。重复这个仿真过程 10 次,在 Excel中,按 F9 键,就重复所有的计算一次。重复 10 次,给出的标准不确定度的值在 0.197 到 0.247 范围内。用 GUM 法计算出的标准不确定度为 0.187。结果表明,MCM 仿真给出的标准不确定度的估计值通常更大一些。其原因可通过仿真结果的直方图的观测可得到,见图 7.1。虽然输入量的分布都设定为高斯分布,输出结果表明,输出量分布存在明显的正偏,导致比预期要更大的标准不确定度。这主要来自于显著的非线性。

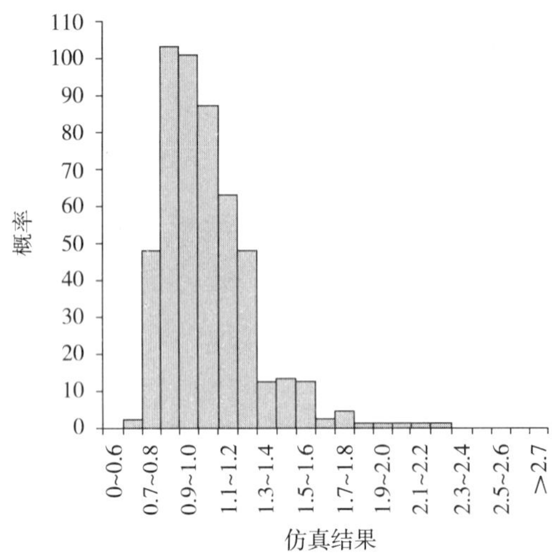

图 7.1　仿真结果的直方图

例 1 用数字电压表在标准条件下对 10V 直流电压进行了 10 次测量，得到 10 个数据如表 7.2 所示。由该数字电压表的检定证书给出，其示值误差按 3 倍标准差计算为 3.5×10^{-6}V。同时，在进行电压测量前，对数字电压表进行了 24h 的校准，在 10V 点测量时，24h 的示值稳定度不超过±15μV。试分析评定对该 10V 直流电压量的测量结果。

表 7.2　电压测量数据　　单位：V

i	x_i	i	x_i	i	x_i	i	x_i
1	10.000107	4	10.000111	7	10.000121	10	10.000094
2	10.000103	5	10.000091	8	10.000101		
3	10.000097	6	10.000108	9	10.000110		

解：

GUM 法：

(1) 计算最佳估计值

10 次电压测量的算术平均值 $\bar{x} = \dfrac{1}{10}\sum_{i=1}^{10} x_i = 10.000104\text{V}$

(2) 分析测量不确定度来源

由测量问题概述知，影响该电压测量不确定度的主要因素有以下几点：

①数字电压表示值稳定度引起的不确定度 u_1；

②数字电压表示值误差引起的不确定度 u_2；

③数字电压表测量重复性引起的不确定度 u_3。

此外，由于测量条件是标准条件，故温度等环境因素的影响可忽略不计。

(3) 不确定度评定

根据不确定度源的分析可知，不确定度 u_1、u_2 采用 B 类评定方法，u_3 采用 A 类评定方法。

①数字电压表示值稳定度引起的不确定度分量 u_1

由题意知，24h 的示值稳定度不超过±15μV。按均匀分布考虑，其置信因子为$\sqrt{3}$，则得

标准不确定度分量

$$u_1 = \frac{15\mu V}{\sqrt{3}} = 8.7\mu V$$

②数字电压表示值误差引起的不确定度分量 u_2

由题意知，示值误差按 3 倍标准差计算为 3.5×10^{-6}V。故在 10V 点测量时，由其引起的标准不确定度分量

$$u_2 = \frac{3.5\times10^{-6}\times10}{3}V = 11.7\mu V$$

③电压测量重复性引起的不确定度分量 u_3

用贝塞尔公式计算标准偏差得

$$s(x_i) = \sqrt{\frac{1}{10-1}\sum_{i=1}^{10}(x_i - \bar{x})^2} = 9\mu V$$

算术平均值的标准偏差为

$$s(\bar{x}) = \frac{s(x_i)}{10} = \frac{9\mu V}{\sqrt{10}} = 2.8\mu V$$

重复性引起的不确定度分量

$$u_3 = s(\bar{x}) = 2.8\mu V$$

其自由度 $\nu_3 = n-1 = 9$。

(4)计算合成标准不确定度

由于不确定度分量 u_1、u_2、u_3 相互独立，它们之间的相关系数为 0。根据合成标准不确定度的计算公式得

$$u_c = \sqrt{u_1^2 + u_2^2 + u_3^2} = \sqrt{(8.7)^2 + (11.7)^2 + (2.8)^2}\mu V \approx 15\mu V$$

(5)计算扩展不确定度

取包含因子 $k=2$，故该电压的最佳估计值的扩展不确定度

$$U = ku_c = 2\times15\mu V \approx 30\mu V$$

(6)测量结果报告

用数字电压表测量该直流电压的结果为

$$V = (10.000104 \pm 0.000030)V,\quad k=2$$

MCM：

(1)建立数学模型

本例中，用数字电压表测量直流电压属直接测量，因此数学模型可写为

$$V = \overline{V} \tag{7.1}$$

但数字电压表示值稳定度和数字电压表示值误差对测量直流电压的结果有影响。要将这些影响补充到数学模型(7.1)，因此数学模型变为

$$V = \overline{V} + \delta V_1 + \delta V_2 \tag{7.2}$$

式中，δV_1 和 δV_2 分别为数字电压表示值稳定度和数字电压表示值误差对测量直流电压的结果的影响。

(2)为输入量设定 PDF

$\overline{V}$：根据题意，对直流电压进行了 10 次测量，其算术平均值为 $\bar{x}$ = 10.000104V，单次测量

标准偏差为 $s(x_i) = \sqrt{\frac{1}{10-1}\sum_{i=1}^{10}(x_i - \bar{x})^2} = 9\mu V$，因此为 $\bar{V}$ 可设定的分布为 $t_9(\bar{x}, s^2(x_i)/9)$，在表7.3中的B3单元格中填入输入量 $\bar{V}$ 的算术平均值，在B4单元格中填入算术平均值的标准偏差 $s(\bar{x}) = \frac{s(x_i)}{10} = \frac{9\mu V}{\sqrt{10}} = 2.8\mu V$。

δV_1：由题意知，24h的示值稳定度不超过±15μV，且没有其他信息，因此可为 δV_1 设定[－15μV，15μV]上的矩形分布。在表7.3中的C7单元格中填入上限－15μV，C8单元格中填入下限15μV。

δV_2：由题意知，示值误差按3倍标准差计算为 3.5×10^{-6}V。因由检定证书给出的示值误差可靠，其自由度可取为50，属于大样本。因此，可为 δV_2 设定的分布为高斯分布 $N(0, \sigma^2)$，其中 $\sigma = \frac{3.5\times10^{-6}V\times10}{3} = 11.7\mu V$。在表7.3中的D3单元格中填入输入量 δV_2 的算术平均值0，在D4单元格中标准偏差11.7μV。

（3）产生随机数

在表7.3中的B9单元格中输入"＝B$3，B$4 * TINV（RAND（），B$5）"，按"回车键"，就产生了一个随机数。

C9单元格中输入"＝＝C$7＋（C$8－C$7）* RAND（）"，按"回车键"，就产生了一个随机数。

在表7.3中的D9单元格中输入"＝NORMINV（RAND（），D$3，D$4）"，按"回车键"，就产生了一个随机数。

然后采用复制的方法，产生 10^5 个随机数，如表7.3所示。

（4）模型计算

根据式（7.2），输出量为三个输入量之和。在表7.3的E9单元格中输入"＝B10＋C10＋D10"，按"回车键"，就得到1个模型值。同样采用复制的方法，得到 10^5 个模型值。

（5）结果报告

10^5 个模型值的算术平均值为输出量的最佳估计值，如表7.3所示，在H3单元格中输入"＝AVERAGE（E10：E100010）"，就得到输出量的最佳估计值为10.000106V。

10^5 个模型值的标准偏差为输出量的标准不确定度，如表7.3所示，在H4单元格中输入"＝STDEV（E10：E100010）"，就得到输出量的标准不确定度为14.74μV≈15μV。

利用 10^5 个模型值还可得到输出量的95%包含区间，如表7.3所示，在H5和H6单元格中分别输入"＝PERCENTILE（E10：E100010，0.025）"和"＝PERCENTILE（E10：E100010，0.975）"，就得到输出量的95%包含区间为[10.000078，10.000135]V。

表7.3　Excel实施表

	A	B	C	D	E	G	H
1		$\bar{V}$	δV_1	δV_2			
2	分布	t 分布	矩形分布	正态分布			
3	均值	10000104.0		0.00		最佳估计值	AVERAGE（E10：E100010）

续表

	A	B	C	D	E	G	H
4	标准偏差	2.8		11.67		标准不确定度	=STDEV(E10:E100010)
5	自由度	9.00				95%包含区间	=PERCENTILE(E10:E100010,0.025)
6							=PERCENTILE(E10:E100010,0.975)
7	上限		-15.00				
8	下限		15.00				
9		=B$3+B$4*TINV(RAND(),B$5)	=C$7+(C$8-C$7)*RAND()	=NORMINV(RAND(),D$3,D$4)	=B10+C10+D10		
10		10000105.13	-6.46	-1.73	10000096.94		
11		10000105.53	14.20	-5.85	10000113.87		
12		10000109.55	5.18	-5.33	10000109.40		
13		10000104.68	-6.64	1.74	10000099.78		
14		10000104.83	3.12	5.25	10000113.20		
15		10000105.54	10.01	8.54	10000124.10		
…		…	…	…	…		
100010		10000105.36	-10.37	2.92	10000097.90		

用 GUM 法和 MCM 两种方法得到的结果一致。

第 8 章　Matlab 在 MCM 中的应用

Matlab 是一种用于数值计算、可视化及编程的高级语言和交互式环境。使用 Matlab，可以分析数据，开发算法，创建模型和应用程序。借助其语言、工具和内置数学函数，可以探求多种方法，比电子表格或传统编程语言（如 C/C ++ 或 Java™）更快地求取结果。

Matlab 提供了一系列用于分析数据、开发算法和创建模型的数值计算方法。Matlab 语言包括用以支持常见的工程设计和科学运算的数学函数。核心的数学函数采用处理器优化库，可以快速地执行向量运算和矩阵运算。

Matlab 语言对向量运算和矩阵运算提供内在支持，这些运算是解决工程和科学问题的基础，能够实现快速开发和执行。

使用 Matlab 语言，编程和开发算法的速度较使用传统语言大幅提高，这是因为无须执行诸如声明变量、指定数据类型以及分配内存等低级管理任务。在很多情况下，支持向量运算和矩阵运算就无需使用 for 循环。因此，一行 Matlab 代码通常等同于数行 C 代码或 C ++ 代码。

Matlab 提供了传统编程语言的多项功能，其中包括流控制、错误处理以及面向对象编程（OOP）。您既可以使用基本的数据类型或高级数据结构，也可以定义自定义数据类型。

有一定编程基础的可以利用 Matlab 来实现蒙特卡洛法评定测量不确定度，其所获结果比 Excel 方法得到的结果更可靠，特别是蒙特卡洛试验次数比较大时，Matlab 的结果更稳定可靠。

8.1　Matlab 生成随机数的一些命令

常用的方法是用 random 语句，其一般形式为

y = random(name, A1, A2, A3, m, n)

表示生成 m 行 n 列的 $m\times n$ 个参数为（A1，A2，A3）的名称为 name 的分布的随机数。例如：

（1）R = random('Normal',0,1,2,4)：生成期望为 0，标准差为 1 的(2 行 4 列)2×4 个正态随机数。

（2）R = random('Unif', -1,1,1,6)：生成 1 行 6 列的[-1,1]矩形分布的随机数。

表 8.1　语句中可接受的分布名称

name	分布	分布参数 A1	分布参数 A2	对应的章节
'exp'or'Exponential'	指数分布	μ：均值	—	3.11
'gam'or'Gamma'	Gamma 分布	$q+1$：q 为计数的个数	b：1	3.12
'norm'or'Normal'	高斯分布	μ：期望	σ：标准偏差	3.3
't'or'T'	t 分布	ν：自由度	—	3.10
'unif'or'Uniform'	矩形分布	a：下限（最小值）	b：上限（最大值）	3.5

对应第 3 章的常用输入量分布的产生随机数的命令语句：

（1）高斯分布

r = random('Normal',μ,σ,1,M)或 r = random('norm',μ,σ,1,M)，生成期望为 μ，标准差为 σ 的(1 行 M 列)1 × M 个高斯随机数。

（2）多元高斯分布

r = mvnrnd(MU,SIGMA,cases)，从均值为 MU(1 × N 维)，正定不确定度矩阵为 SIGMA(N × N 维)的正态分布中随机抽取 cases 个样本，返回 cases × N 的矩阵 r。

（3）矩形分布

①r = rand(1,M)，生成 1 行 M 列的[0,1]矩形分布的随机数。

②r = unifrnd(a,b,1,M)或 r = random('unif',a,b,1,M)或 r = random('Uniform',a,b,1,M)，生成 1 行 M 列的[a,b]矩形分布的随机数。

（4）界限未准确给定的矩形分布(曲线梯形)

```
ak = (a - d) + 2 * d * rand(1,M);
bk = (a + b) - ak;
r = ak + (bk - ak). * rand(1,M);
```

生成 1 行 M 列的下限在[a - d,a + d]，上限在[b - d,b + d]的界限未准确给定的矩形分布的随机数，即曲线梯形的随机数。

例：第 3 章的例 5 的 matlab 的 MCM 程序

```
a =9.9;
b =10.1;
d =0.05;
M =1000000;
ak = (a - d) + 2 * d * rand(1,M);
bk = (a + b) - ak;
r = ak + (bk - ak). * rand(1,M);
mean(r)
std(r)
x =9.8:0.001:10.2;
x = x';
hist(r,x)
hh = findobj(gca,'Type','patch');
set(hh,'FaceColor','w','EdgeColor','b')
```

执行结果：标准不确定度为 0.060V。其统计直方图如图 8.1 所示。

（5）梯形分布

```
r = a + (b - a)/2 * ((1 + beta) * rand(1,M) + (1 - beta) * rand(1,M))
```

生成 1 行 M 列的下底在[a,b]之间，上底的长度为下底的长度的 beta 倍的梯形分布的随机数。

（6）三角分布

```
r = a + (b - a)/2 * (rand(1,M) + rand(1,M))
```

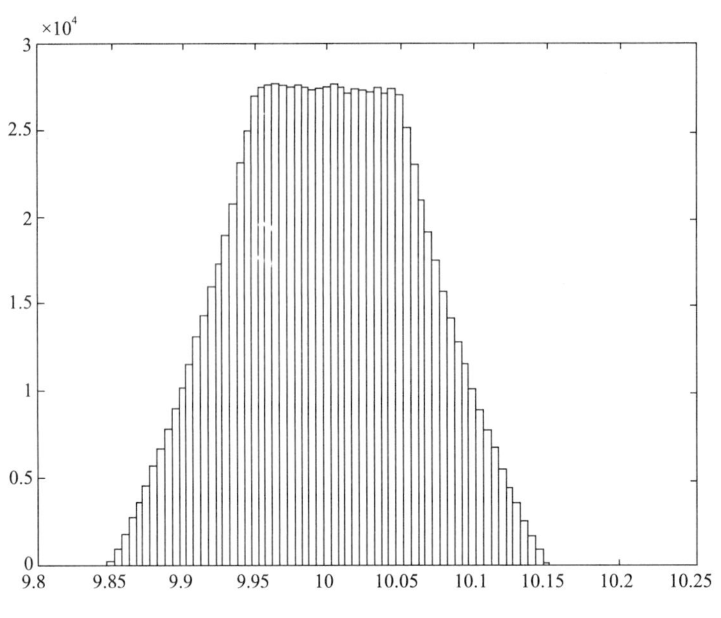

图 8.1　统计直方图

生成 1 行 M 列的[a,b]上的三角分布的随机数。

(7)反正弦分布

r = (a + b)/2 + ((b - a)/2) * sin(2 * pi * rand(1,M))

生成 1 行 M 列的[a,b]上的反正弦分布的随机数。

(8)t 分布

r = x + u * random('t',ν,1,M)

生成 1 行 M 列的最佳估计值为 x 和其标准偏差为 u 以及自由度为 ν 的 t 分布 $t_\nu(x,u)$ 的随机数。

8.2　Matlab 实施 MCM 的程序

用 Matlab 实施 MCM,要求用户输入一系列信息:测量过程的函数关系,即测量模型,输入量的概率密度函数,概率密度函数的参数,所要求的包含概率,需要求的是最短包含区间还是概率对称包含区间,标准不确定度的有效十进制数字的个数。

表 8.2 详细给出了质量校准(9.3 节)中计算不确定度的程序[2],对于其他例子,只要修改开始的几行就行,因为这几行创建了每个例子的特有的变量:

第 2 行,给定包含概率 p,标准不确定度的有效十进制数字的个数 n_digit,一般为 1 或 2,tol_divisor 用来除数值容差。当 MCM 用来验证 GUM 不确定度框架时,建议采用自适应蒙特卡洛法提供数值容差为 δ/5 时的 MCM 结果。

第 3 行,用户需给定,计算的是最短包含区间还是概率对称包含区间。参数 interval 用来确定两者之一:为 1,给出的是最短包含区间,为其他任何值,给出的是概率对称包含区间。

第 7 ~ 13 行,给定输入量的概率分布,14 行,为测量模型。

表 8.2　MCM 实施的 Matlab 程序

```
clear;
p =0.95;  n_digit =1;  tol_divisor =5;
interval =1;        % (1'shortest',other value'symmetric')
M =max((100/1 -p),10000);  comp =0;  h =0;
while comp ==0
  h =h +1;
  mass_rc =random('norm',100000,0.05,1,M);
  dmass_rc =random('norm',1.234,0.02,1,M);
  air =random('unif',1.1,1.3,1,M);
  air0 =1.2;
dens_w =random('unif',7000,9000,1,M);
dens_r =random('unif',7950,8050,1,M);
nom_mass =100000;
y =(mass_rc +dmass_rc).* [1 +(air -air0).* (1./dens_w -1./dens_r)] -nom_mass
y =sort(y);
y_mean =mean(y);
y_std =std(y);
q =round(p* M);r =round((M -q)/2);
y_low =y(r);y_high =y(r +q);
if interval = =1
    r =1;
    while r < = (M -q)
        if y(r +q) -y(r) < =y_high -y_low;
            y_low =y(r);y_high =y(r +q);
        end
        r =r +1;
    end
end
if h = =1
    Y =y;
    Y_mean =y_mean;Y_std =y_std;Y_low =y_low;Y_high =y_high;
else
    Y =[Y;y];
    Y_mean =[Y_mean;y_mean];Y_std =[Y_std;y_std];
    Y_low =[Y_low;y_low];Y_high =[Y_high;y_high];
    y_mean_std =std(Y_ mean)/(h^ 0.5);
    y_std_std =std(Y_std)/(h^ 0.5);
    y_low_std =std(Y_low)/(h^ 0.5);
    y_high_std =std(Y_high)/(h^ 0.5);
    y_values =reshape(Y,1,h* M);
    y_standard =std(y_values),h* M
    a =y_standard;b =0;
    if a > =10^ n_digit
        while a > =10^ n_digit
            a =a/ 10;b =b +1;
        end
        tol = (0.5/ tol_divisor)* 10^ b;
    elseif a <10^ (n_digit -1)
    while a <10^ (n_digit -1)
            a =a* 10;b =b +1;
        end
        tol = (0.5/ tol_divisor)* 10^ -b;
    else tol = (0.5/ tol_divisor);
    end
        if(2* y_mean_std <tol & 2* y_std_std <tol & 2* y_low_std <tol & 2* y_high)
            comp =1;
        end
    end
end
y_values =sort(y_values);
y_mean =mean(y_values);
```

```
q=round(p* h* M);r=round((h* M-q)/2);
y_limit_low=y_values(r);y_limit_high=y_values(r+q);
if interval==1
    r=1;
    while r<=(h* M-q)
        if y_values(r+q)-y_values(r)<=y_limit_high-y_limit_low;
            y_limit_low=y_values(r);y_limit_high=y_values(r+q);
        end
        r=r+1;
    end
end
y_mean,y_standard,y_limit_low,y_limit_high
lower=min(y_values);upper=max(y_values);
xc=lower:(upper-lower)/99:upper;
n=hist(y_values,xc);
bar(xc,n./(((upper-lower)/99)* h* M),1);
```

运行该程序,得到的结果为

蒙特卡洛试验次数　　590000

输出量的估计值 y_mean = 1.2341

输出量的标准不确定度 y_standard = 0.0754

最短包含区间的左端点 y_limit_low = 1.0833

最短包含区间的右端点 y_limit_high = 1.3825

该结果与表 9.4 给出的结果一致。图 8.2 给出了 MCM 获得的输出量的 PDF。

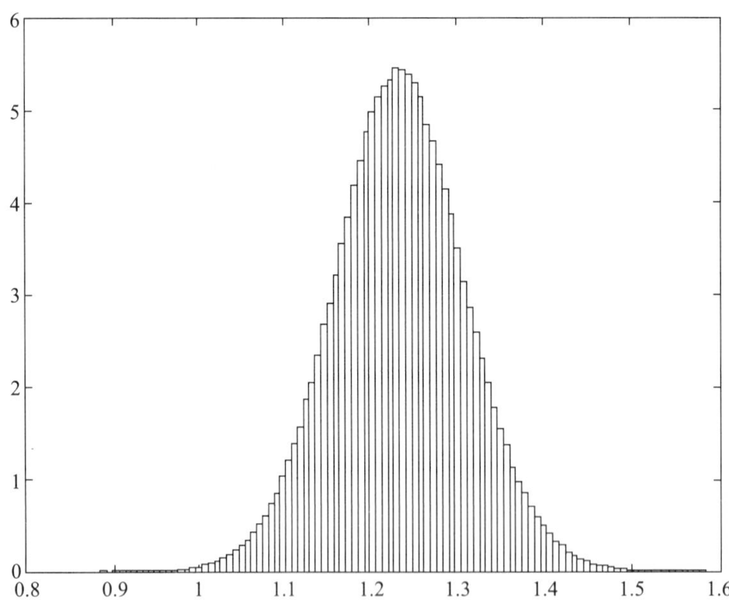

图 8.2　MCM 获得的输出量的 PDF

第9章　举　例

9.1　加法模型

设模型为 $Y = X_1 + X_2$，其中，X_i 设定为一个矩形 PDF，端点分别为 a_i 和 b_i，且 $a_i < b_i, i = 1,2$。

9.1.1　解析法

由 3.7 节可知，Y 为对称梯形分布，见图 9.1，其 PDF 为

$$g_Y(\eta) = \frac{1}{\lambda_1 + \lambda_2}\min\left(\frac{1}{\lambda_2 - \lambda_1}\max(\lambda_2 - |\eta - \mu|, 0), 1\right) \tag{9.1}$$

其中

$$\mu = (a_1 + a_2 + b_1 + b_2)/2, \lambda_1 = |a_2 - a_1 + b_1 - b_2|/2 \text{ 和 } \lambda_2 = (b_1 + b_2 - a_1 - a_2)/2 \tag{9.2}$$

由这个 PDF，Y 的期望作为 Y 的最佳估计值 y 和 Y 的方差作为标准不确定度的平方 $u^2(y)$，其中

$$y = \int_{a_1+a_2}^{b_1+b_2} \eta g_Y(\eta)\,\mathrm{d}\eta = \mu \tag{9.3}$$

和

$$u^2(y) = \int_{a_1+a_2}^{b_1+b_2} (\eta - y) g_Y(\eta)\,\mathrm{d}\eta = \frac{\lambda_1^2 + \lambda_2^2}{6} \tag{9.4}$$

Y 的 PDF 是对称的，因此包含区间 I_p 端点离期望 μ 等距，且是最短区间。因此，对于一个包含概率 p，

$$I_p = \mu \pm \omega, \quad \int_{\mu-\omega}^{\mu+\omega} g_Y(\eta)\,\mathrm{d}\eta = p \tag{9.5}$$

由此可得到，

$$I_p = \mu \pm \begin{cases} (\lambda_1 + \lambda_2)p/2, & p < 2\lambda_1/(\lambda_1 + \lambda_2) \\ \lambda_2 - \{(\lambda_2^2 - \lambda_1^2)(1 - p)\}^{1/2}, & \text{其他} \end{cases} \tag{9.6}$$

p 值满足 $p < 2\lambda_1/(\lambda_1 + \lambda_2)$，表示 I_p 端点位于区间 $\mu \pm \lambda_1$ 内。否则，端点位于此区间外。

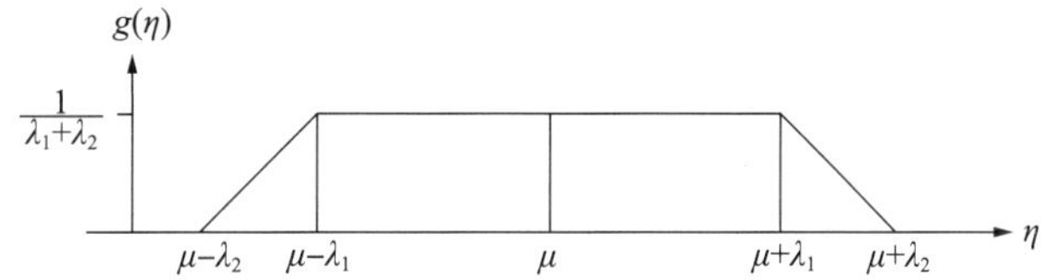

图 9.1　$Y = X_1 + X_2$ 的（梯形）PDF，其中，X_i 的 PDF 为矩形，$i = 1,2$

9.1.2　GUM 法

因 X_i 设定为一个矩形 PDF，端点分别为 a_i 和 b_i。因此 X_i 的期望为 $(a_i+b_i)/2$，X_i 的标准偏差为 $(b_i-a_i)/\sqrt{12}$，$i=1,2$。

应用 GUM 不确定度框架，X_i 的期望取为 X_i 的估计值 x_i，即 $x_i=(a_i+b_i)/2$，以及 X_i 的标准偏差为估计值 x_i 的标准不确定度 $u(x_i)$，$(b_i-a_i)/\sqrt{12}$，$i=1,2$。

Y 的估计值 y 为 Y 在 $X_1=x_1$ 和 $X_2=x_2$ 处的值，即 $y=(a_1+a_2+b_1+b_2)/2=\mu$。

灵敏系数为 $c_1=c_2=1$。由不确定度传播律，可得到 y 的不确定度 $u(y)$，$u^2(y)=u^2(x_1)+u^2(x_2)=((b_1-a_1)^2+(b_2-a_2)^2)/12$。假设 Y 的 PDF 为高斯分布 $N(y,u^2(y))$，则 y 的 95% 包含概率下的包含区间为 $y\pm1.96u(y)$。

9.1.3　蒙特卡洛法

进行 $M=10^6$ 次试验，在这个例子中，为了表明所取得的结果的分散性，重复了 4 次。

对 X_1 设定 $[a_1,b_1]$ 上的矩形分布，对 X_2 设定 $[a_2,b_2]$ 上的矩形分布，然后对 X_1 和 X_2 分别进行抽样。

9.1.4　结果分析

取 $a_1=0$，$b_1=1$，$a_2=0$，$b_2=10$。

解析法：

Y 的期望作为 Y 的最佳估计值 $y=\mu=(a_1+a_2+b_1+b_2)/2=5.50$。

Y 的标准偏差作为 y 的标准不确定度 $u(y)=\sqrt{\dfrac{\lambda_1^2+\lambda_2^2}{6}}$，其中，$\lambda_1=|a_2-a_1+b_1-b_2|/2=4.5$，$\lambda_2=(b_1+b_2-a_1-a_2)/2=5.5$，因此，$u(y)=2.90$。

95% 最短包含区间：

因 $0.95>2\times4.5/(4.5+5.5)=0.9$，所以，$I_p=\mu\pm[\lambda_2-\{(\lambda_2^2-\lambda_1^2)(1-p)\}^{1/2}]=5.50\pm4.79$

GUM 法：

$$y=(a_1+a_2+b_1+b_2)/2=5.50$$

$$u(y)=\sqrt{((b_1-a_1)^2+(b_2-a_2)^2)/12}=2.90$$

95% 包含区间：$y\pm1.96u(y)=5.50\pm5.69$

MCM 实施程序：

```
a1 =0;
b1 =1;
a2 =0;
b2 =10;                                   输入参数
p =0.95
M =1000000;
```

`x1 = random('unif',a1,b1,1,M);` `x2 = random('unif',a2,b2,1,M);`	产生输入量的随机数
`y = x1 + x2;`	模型的计算
`y = sort(y);`	排序
`y_mean = mean(y) % 最佳估计值` `y_std = std(y) % 标准不确定度`	输出结果
`q = round(p* M);r = round((M - q)/2);` `y_low = y(r),y_high = y(r + q);`	100p% 对称包含区间

`lower = min(y);upper = max(y);`
`xc = lower:(upper - lower)/99:upper;`
`n = hist(y,xc);`
`bar(xc,n./(((upper - lower)/99)* h* M),1);`
	直方图

执行结果:

第 1 次:y_mean = 5.50,y_std = 2.90,y_low = 0.71,y_high = 10.30

第 2 次:y_mean = 5.50,y_std = 2.90,y_low = 0.71,y_high = 10.30

第 3 次:y_mean = 5.50,y_std = 2.90,y_low = 0.71,y_high = 10.29

第 4 次:y_mean = 5.50,y_std = 2.90,y_low = 0.71,y_high = 10.30

得到的结果,如表 9.1 所示。使用 GUM 不确定度框架和蒙特卡洛法得到的分布函数和 PDF 如图 9.2 所示,分别以虚垂直线和实垂直线表示这两种方法确定的 95% 包含区间端点。解析解获得的(梯形)PDF 也显示在图中。

由表 9.1 可知,三种方法得到的输出量 Y 的最佳估计值 y 和其标准不确定度 $u(y)$ 都相同,但是解析法和 MCM 给出的 95% 包含区间几乎相同,但 GUM 不确定度框架给出的包含区间比 MCM 的要长 10% 左右,且包括了 Y 的不切实际的值,即这些值位于区间[0,11]之外,而 Y 在这区间外取值的概率为零。

表 9.1　解析解,GUM 不确定框架(GUF)和 4 次运行的蒙特卡罗法(MCM 的 1 - 4),每个实施 $M = 10^6$ 试验,加法模型的结果

方法	y	$u(y)$	95% 包含区间的端点	
解析法	5.50	2.90	0.71	10.29
GUM 法	5.50	2.90	-0.19	11.19
MCM1	5.50	2.90	0.71	10.30
MCM2	5.50	2.90	0.71	10.30
MCM3	5.50	2.90	0.71	10.29
MCM4	5.50	2.90	0.71	10.30

由图 9.2 可知,利用 MCM 获得的 PDF 的近似(显示为缩放频率分布)与解析解获得的(梯形)PDF 非常一致。比较解析解和 GUM 不确定度框架获得的 PDF,它们有很大的不同。这主要因为 GUM 不确定度框架中假设输出量的分布为高斯分布。但这里,因为两个输入量的估计值的标准不确定度对输出量的贡献相差很大,因此中心极限定理在这种情况下不

满足，则假设输出量的分布为高斯分布就不太合理。

在这个例子中，对输出量的不确定度的贡献主要由输入量 X_2 作出，因此输出量的分布可假设为矩形分布。矩形分布下，95% 包含概率对应的包含因子为 $k_p = 1.65$，由此得到输出量的 95% 包含区间为 $5.50 \pm 1.65 \times 2.90$，即 $[0.72, 10.29]$，这与解析法和 MCM 一致。

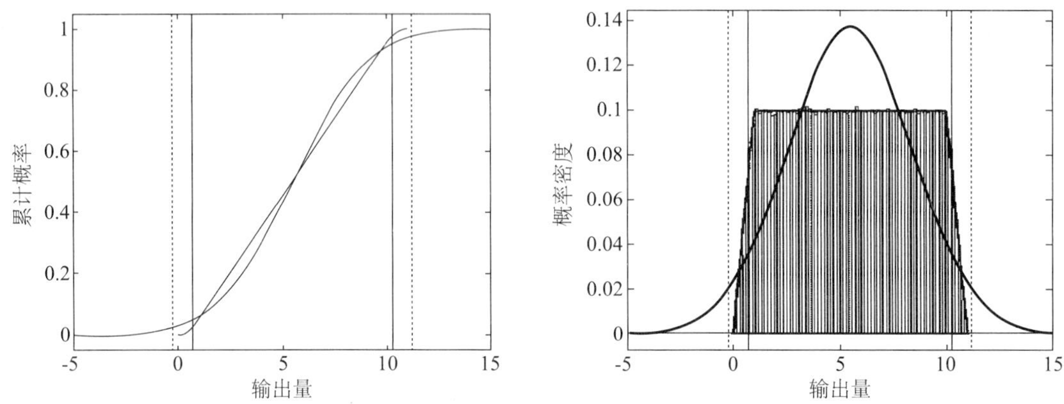

图 9.2　使用 GUM 不确定度框架和蒙特卡洛法获得的加法模型的分布函数和 PDF(下)。在右图中显示了解析解得到的(梯形)PDF

9.2　对数变换

设模型为：$Y = \ln X$，即单个输入量 $X \equiv X_1$，其中 X 设定为矩形 PDF，端点为 a 和 b，且 $0 < a < b$。例如，电量从自然转换为分贝单位时，就是这样的模型。

9.2.1　解析法

由 4.2.1 节的例 1 可知，Y 的 PDF 为

$$g_Y(\eta) = \begin{cases} e^{\mu}/(b-a), & \ln a \leqslant \eta \leqslant \ln b \\ 0, & \text{其他} \end{cases} \tag{9.7}$$

由这个 PDF，Y 的期望作为 Y 的估计值 y 和 Y 的方差作为 y 的标准不确定度的平方 $u^2(y)$，其中

$$y = \int_{\ln a}^{\ln b} \frac{\eta e^{\eta}}{b-a} d\eta = \frac{b(\ln b - 1) - a(\ln a - 1)}{b-a} \tag{9.8}$$

和

$$u^2(y) = \int_{\ln a}^{\ln b} \frac{(\eta - y)^2 e^{\eta}}{b-a} d\eta = \frac{b(\ln b - y - 1)^2 - a(\ln a - y - 1)^2}{b-a} + 1 \tag{9.9}$$

Y 的 PDF 在区间 $[\ln a, \ln b]$ 是一个单调递增函数，因此，Y 的最短包含区间的右端点为 $y_{\text{high}} = \ln b$。对于包含概率为 p，左端点 y_{low}，使得：

$$\int_{y_{\text{low}}}^{\ln b} \frac{e^{\eta}}{b-a} d\eta = p \tag{9.10}$$

得到

$$y_{\text{low}} = \ln(pa + (1-p)b) \tag{9.11}$$

9.2.2　GUM 法

应用 GUM 不确定度框架,X 的估计值取为 X 的期望,即 $x=(a+b)/2$,以及相关的标准不确定度 $u(x)$ 为 X 的标准偏差,$(b-a)/\sqrt{12}$。

Y 的估计值 y 为 Y 在 $X=x$ 处的值,即 $y=\ln x=\ln((a+b)/2)$。

灵敏系数为 $c=\partial\ln X/\partial X$ 在 $X=x$ 处的值,即 $c=1/x=2/(a+b)$。由不确定度传播律,可得到 y 的不确定度 $u(y)$,$u(y)=|c|u(x)=(b-a)/((a+b)\sqrt{3})$。

假设 Y 的 PDF 为高斯分布 $N(y,u^2(y))$,对应 95% 包含概率的这个值的包含区间为 $y\pm1.96u(y)$。

9.2.3　蒙特卡洛法

进行次数为 $M=10^6$ 试验。要求从 $[a,b]$ 矩形分布抽样。

9.2.4　结果分析

取 $a=0.1$,$b=1.1$。

解析法:

Y 的期望作为 $y=\dfrac{b(\ln b-1)-a(\ln a-1)}{b-a}=-0.665$

Y 的标准偏差作为 $u(y)u(y)=\sqrt{\dfrac{b\,(\ln b-y-1)^2-a\,(\ln a-y-1)^2}{b-a}+1}=0.606$

Y 的 95% 最短包含区间的右端点为 $y_{high}=\ln b=0.095$,左端点 $y_{low}=\ln(pa+(1-p)b)=\ln(0.95*0.1+0.05*1.1)=-1.897$。

GUM 法:

Y 的估计值 $y=\ln((a+b)/2)=-0.511$。

y 的不确定度 $u(y)=(b-a)/((a+b)\sqrt{3})=0.481$

对应 95% 包含概率的这个值的包含区间为 -0.511 ± 0.943。

MCM:

MCM 的 matlab 实施程序:

```
a=0.1;
b=1.1;
p=0.95;
M=1000000;
x=random('unif',a,b,1,M);
y=log(x);
y=sort(y);
q=round(p* M);r=round((M-q)/2);
y_low=y(r);y_high=y(r+q);
```

```
r =1;
while r < = (M - q)
if y(r +q) - y(r) < =y_high - y_low;
y_low =y(r);y_high =y(r +q);
end
r =r +1;
end
```

确定最短包含区间

```
y_mean =mean(y),y_std =std(y),Y_low =y_low,Y_high =
y_high
lower =min(y);upper =max(y);
xc =lower:(upper - lower)/99:upper;
n =hist(y,xc);
bar(xc,n./(((upper - lower)/99)* h* M),1);
```

执行结果:

Y_mean = −0.665,Y_std =0.606,Y_low = −1.895,Y_high =0.095

表9.2给出了三种方法得到的结果。使用GUM不确定度框架和蒙特卡洛法得到的分布函数和PDF如图9.3所示,分别以虚垂直线和实垂直线表示这两种方法确定的95%包含区间端点。解析解获得的(指数)PDF也显示在图中。

由表9.2可知,GUM不确定度框架提供的输出量的最佳估计值和其标准不确定度与解析法得到的结果严重不一致,这主要是因为模型是非线性所导致,输入量估计x处计算模型获得的y值一般不等于Y的期望。若考虑模型的泰勒展开的高阶项,即采用第2章2.2.1.2节中的式(2.14)计算出的Y的期望作为Y的最佳估计值,可得到$y=-0.6266$,式(2.15)计算出的Y的方差作为Y的标准不确定度的平方,可得到$u(y)=0.605$。GUM法考虑高阶项得到的输出量的最佳估计值和其标准不确定度与解析法和MCM所得结果基本一致。

表9.2 解析解,GUM不确定度框架(GUF)和蒙特卡洛法(MCM),$M=10^6$对数变换模型的结果。

方法	y	$u(y)$	95%包含区间的端点	
解析法	−0.665	0.606	−1.897	0.095
GUM法	−0.511	0.481	−1.454	0.432
MCM1	−0.665	0.606	−1.897	0.095

由图9.3可知,利用蒙特卡洛法获得的PDF的近似(显示为缩放频率分布)与解析解获得的PDF非常一致。比较解析解和GUM不确定度框架获得的PDF,它们有很大的不同。此外,GUM不确定度框架所提供的包含区间包括了Y的不切实际的值,即这些值位于区间$[\ln a,\ln b]$之外,而Y在这区间外取值的概率为零。实际上,输出量的分布为非对称的,而在GUM法中假设为高斯分布是极不合理的。

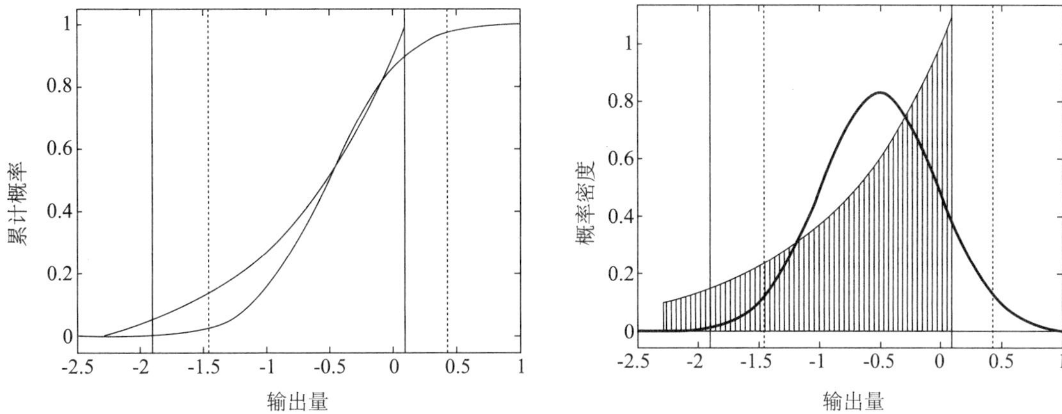

图9.3 使用GUM不确定度框架和蒙特卡洛法获得的对数变换模型的分布函数和PDF(下)。在右图中显示了解析解得到的(指数)PDF

9.3 质量校准

9.3.1 建立公式

9.3.1.1 数学模型的建立

用质量密度为ρ_R的参考砝码R对质量密度为ρ_W的砝码W进行校准,两个砝码标称值相同,需要在质量密度为ρ_a的空气中进行平衡配重。通常ρ_W和ρ_R不同,因此需考虑浮力的影响,应用阿基米德定律,得到模型如下

$$m_W(1-\rho_a/\rho_W)=(m_R+\delta m_R)(1-\rho_a/\rho_R) \tag{9.12}$$

其中,δm_R是加到砝码R上的密度为ρ_R小砝码质量,以实现和W的平衡。

按照折算质量的计算方式,W的折算质量$m_{W,C}$是在密度为$\rho_{a0}=1.2\text{kg/m}^3$的空气中平衡配重的密度为$\rho_0=8000\text{kg/m}^3$的参考砝码质量,因此

$$m_W(1-\rho_{a0}/\rho_W)=m_{W,C}(1-\rho_{a0}/\rho_0)$$

以折算质量$m_{W,C}$、$m_{R,C}$以及$\delta m_{R,C}$为变量,模型(9.12)转变为

$$m_{W,C}\left(1-\frac{\rho_a}{\rho_W}\right)\left(1-\frac{\rho_{a0}}{\rho_W}\right)^{-1}=(m_{R,C}+\delta m_{R,C})\left(1-\frac{\rho_a}{\rho_R}\right)\left(1-\frac{\rho_{a0}}{\rho_R}\right)^{-1} \tag{9.13}$$

对上述公式作近似处理,得

$$m_{W,C}=(m_{R,C}+\delta m_{R,C})\left[1+(\rho_a-\rho_{a0})\left(\frac{1}{\rho_W}-\frac{1}{\rho_R}\right)\right]$$

设

$$\delta m=m_{W,C}-m_{\text{nom}}$$

为$m_{W,C}$与标称质量$m_{\text{nom}}=100\text{g}$的偏差。

本例中使用的模型为

$$\delta m=(m_{R,C}+\delta m_{R,C})\left[1+(\rho_a-\rho_{a0})\left(\frac{1}{\rho_W}-\frac{1}{\rho_R}\right)\right]-m_{\text{nom}} \tag{9.14}$$

输入量有 $m_{R,C}$，$\delta m_{R,C}$，ρ_a，ρ_W 和 ρ_R，而 ρ_{a0} 为常量。

有关 $m_{R,C}$ 和 $\delta m_{R,C}$，已知的信息仅是这些量的最佳估计值和标准不确定度。对于 ρ_a，ρ_W 和 ρ_R，只知道它们的上下限。

9.3.1.2 GUM 法中输入量信息的提取

在 GUM 法中，需要知道输入量的最佳估计值和其标准不确定度。

对于 $m_{R,C}$，最佳估计值为 $\hat{m}_{R,C}=100000.000\text{mg}$，标准不确定度为 $u(\hat{m}_{R,C})=0.050\text{mg}$。

对于 $\delta m_{R,C}$，最佳估计值为 $\widehat{\delta m}_{R,C}=1.234\text{mg}$，标准不确定度为 $u(\widehat{\delta m}_{R,C})=0.020\text{mg}$。

ρ_a 只知道其上下限，即在 $[1.10,1.30]\text{kg/m}^3$ 范围内，没有其他任何信息，可假设在区间内为均匀分布，ρ_a 的最佳估计值为均匀分布的期望，即 $\hat{\rho}_a=1.20\text{kg/m}^3$，其区间半宽度为 $0.10\ \text{kg/m}^3$，则其标准不确定度为

$$0.10/\sqrt{3}\text{kg/m}^3=0.058\text{kg/m}^3$$

对于 ρ_W 和 ρ_R，与输入量 ρ_a 类似，只知道它们的上下限，可分别得到它们的最佳估计值和标准不确定度，$\hat{\rho}_W=8\times10^3\ \text{kg/m}^3$，$u(\hat{\rho}_W)=1\times10^3\ \text{kg/m}^3/\sqrt{3}=577.35\ \text{kg/m}^3$，$\hat{\rho}_R=8.00\times10^3\ \text{kg/m}^3$，$u(\hat{\rho}_W)=0.05\times10^3\ \text{kg/m}^3/\sqrt{3}=28.8675\ \text{kg/m}^3$。

9.3.1.3 MCM 中为输入量设定分布

MCM 中，有关 $m_{R,C}$ 和 $\delta m_{R,C}$，已知的信息仅是这些量的最佳估计值和标准不确定度，由第 3 章 3.3 节可知，则相应地，设定 $m_{R,C}$ 和 $\delta m_{R,C}$ 的分布都为正态分布，最佳估计值为其期望，标准不确定度为其标准偏差，即 $m_{R,C}$ 设定为 $N(1000000.000,0.050^2)$，$\delta m_{R,C}$ 设定为 $N(1.234,0.020^2)$。

对于 ρ_a，ρ_W 和 ρ_R，只知道它们的上下限，由第 3 章 3.5 节可知设定它们中的每一个的分布都为下限及上限为其端点的矩形分布，即 ρ_a 设定为 $R(1.10,1.30)$，ρ_W 设定为 $R(7\times10^3,9\times10^3)$ 以及 ρ_R 设定为 $R(7.95\times10^3,8.05\times10^3)$。

质量校准模型(9.14)中的变量 ρ_{a0} 分配的值为 1.2kg/m^3，不确定度为零。

表 9.3 概括了输入量及对应的 PDF。对于正态分布 $N(\mu,\sigma^2)$，表 9.3 给出了期望 μ 及标准偏差 σ 的大小，对于端点为 a，$b(a<b)$ 的矩形分布 $R(a,b)$，给出了期望 $(a+b)/2$ 及半宽度 $(b-a)/2$ 的大小。

表 9.3 关于质量校准模型(9.14)的输入量 X_i 及其服从的 PDF

X_i	分布	参数			
		期望 μ	标准偏差 σ	期望 $(a+b)/2$	半宽度 $(b-a)/2$
$m_{R,C}$	$N(\mu,\sigma^2)$	100000.000mg	0.050mg	——	——
$\delta m_{R,C}$	$N(\mu,\sigma^2)$	1.234mg	0.020mg	——	——
ρ_a	$R(a,b)$	——	——	1.20kg/m^3	0.10kg/m^3
ρ_W	$R(a,b)$	——	——	$8\times10^3\text{kg/m}^3$	$1\times10^3\text{kg/m}^3$
ρ_R	$R(a,b)$	——	——	$8.00\times10^3\text{kg/m}^3$	$0.05\times10^3\text{kg/m}^3$

9.3.2　传播和总结

9.3.2.1　GUM 法

将输入量 $m_{\mathrm{R,C}}$，$\delta m_{\mathrm{R,C}}$ ρ_{a}，ρ_{W} 和 ρ_{R} 的最佳估计值代入模型(9.14)可得到 δm 的最佳估计值，$\widehat{\delta m}=1.2340\mathrm{mg}$。

应用不确定度传播律式(2.7)，

$$u^2(\widehat{\delta m})=\left(\frac{\partial(\delta m)}{\partial m_{\mathrm{R,C}}}\right)^2u^2(\hat{m}_{\mathrm{R,C}})+\left(\frac{\partial(\delta m)}{\partial(\delta m_{\mathrm{R,C}})}\right)^2u^2(\hat{\delta}m_{\mathrm{R,C}})+\left(\frac{\partial(\delta m)}{\partial\rho_{\mathrm{a}}}\right)^2u^2(\hat{\rho}_{\mathrm{a}})$$
$$+\left(\frac{\partial(\delta m)}{\partial\rho_{\mathrm{W}}}\right)^2u^2(\hat{\rho}_{\mathrm{W}})+\left(\frac{\partial(\delta m)}{\partial\rho_{\mathrm{R}}}\right)^2u^2(\hat{\rho}_{\mathrm{R}})$$

其中，灵敏系数为

$$\frac{\partial(\delta m)}{\partial m_{\mathrm{R,C}}}=1+(\rho_{\mathrm{a}}-\rho_{\mathrm{a0}})\left(\frac{1}{\rho_{\mathrm{W}}}-\frac{1}{\rho_{\mathrm{R}}}\right)=1$$
$$\frac{\partial(\delta m)}{\partial(\delta m_{\mathrm{R,C}})}=1+(\rho_{\mathrm{a}}-\rho_{\mathrm{a0}})\left(\frac{1}{\rho_{\mathrm{W}}}-\frac{1}{\rho_{\mathrm{R}}}\right)=1$$
$$\frac{\partial(\delta m)}{\partial\rho_{\mathrm{a}}}=(m_{\mathrm{R,C}}+\delta m_{\mathrm{R,C}})\left(\frac{1}{\rho_{\mathrm{W}}}-\frac{1}{\rho_{\mathrm{R}}}\right)=0$$
$$\frac{\partial(\delta m)}{\partial\rho_{\mathrm{W}}}=-(m_{\mathrm{R,C}}+\delta m_{\mathrm{R,C}})(\rho_{\mathrm{a}}-\rho_{\mathrm{a0}})/\rho_{\mathrm{W}}^2=0$$
$$\frac{\partial(\delta m)}{\partial\rho_{\mathrm{R}}}=(m_{\mathrm{R,C}}+\delta m_{\mathrm{R,C}})(\rho_{\mathrm{a}}-\rho_{\mathrm{a0}})/\rho_{\mathrm{R}}^2=0$$

因此

$$u^2(\widehat{\delta m})=u^2(\hat{m}_{\mathrm{R,C}})+u^2(\widehat{\delta m}_{\mathrm{R,C}})=0.050^2+0.020^2=0.0029(\mathrm{mg})^2$$
$$u(\widehat{\delta m})=0.0539\mathrm{mg}$$

设定输出量 δm 的分布为高斯分布，其期望为 δm 的最佳估计值 $\widehat{\delta m}=1.2340\mathrm{mg}$，其标准偏差为 δm 的最佳估计值 $\widehat{\delta m}$ 的标准不确定度 $u(\widehat{\delta m})=0.0539\mathrm{mg}$。

对应包含概率95%的包含因子为 $k_p=1.96$，因此 δm 的最佳估计值 $\widehat{\delta m}$ 的扩展不确定度为 $U=k_pu(\widehat{\delta m})=1.96\times0.0539=0.1055$。

由此可得到包含概率95%下的包含区间为[1.1285mg，1.3395mg]。

应用含高阶项的不确定度传播律式(2.16)，可得到

$$u(\widehat{\delta m})=0.0750\mathrm{mg}$$

扩展不确定度为 $U=k_pu(\widehat{\delta m})=1.96\times0.0750=0.1470\mathrm{mg}$，包含概率95%下的包含区间为[1.0870mg，1.3810mg]。

这些结果见表9.4的第二行和第四行所示，表中 G_1 表示仅含一阶项的GUM法，G_2 则表示含高阶项的GUM法。

9.3.2.2　MCM

$u(\delta\hat{m})$所要求的近似程度达到0.001，根据$u(\delta\hat{m})$中一位有效数字有效来设置$\delta=5\times10^{-4}$。采用自适应蒙特卡洛程序，Matlab程序见表8.2，数值容差对应着δ/5，实验数为0.59×10^6。如表9.4的第三行所示。

表9.4　质量校准模型(9.14)的计算结果

方法	$\delta\hat{m}$/mg	$u(\delta\hat{m})$/mg	95%最短包含区间	d_{low}/mg	d_{high}/mg	GUM法验证结果($\delta=0.005$)
G_1	1.2340	0.0539	[1.1285,1.3395]	0.0451	0.0430	No
MCM	1.2341	0.0754	[1.0833,1.3825]	—	—	—
G_2	1.2340	0.0750	[1.0870,1.3810]	0.0036	0.0015	Yes

图9.4给出了分别由含一阶项的GUM法及MCM获得的δm的分布函数和PDF的近似。连续曲线表示参数由GUM法给出的正态PDF，内侧的两条(虚)垂直线为基于此PDF得到的δm最短95%包含区间。直方图是使用MCM获得的作为PDF的近似频率分布，外侧的两条(连续)垂直线为δm的最短95%包含区间。

结果表明，尽管GUM法(一阶)及MCM在给出的δm估计值具有很好的一致性，但标准不确定度的大小显著不同。由MCM计算得到的$u(\delta\hat{m})$(0.0754mg)比由GUM法(一阶)计算得到的$u(\delta\hat{m})$(0.0539mg)大40%，后者有点高估。由MCM计算得到的$u(\delta\hat{m})$与由含高阶项的GUM法所提供的$u(\delta\hat{m})$(0.0750mg)基本一致。

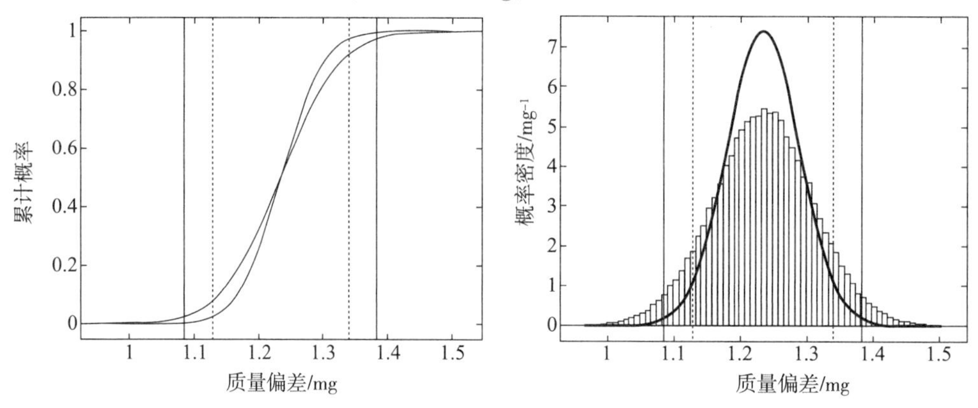

图9.4　应用含一阶项的GUM法及MCM获得的输出量δm的分布函数和PDF(右)近似

表9.4最右侧的三列给出了应用第6章验证程序所获得的结果，此时，$u(\delta\hat{m})$中一位有效数字有效。由于$u(\delta\hat{m})$中的数值容差需为一位有效数字，根据第6章的术语，$n_{dig}=1$，因此$u(\delta\hat{m})=0.08=8\times10^{-2}$，这样$a=8$，$r=-2$，$\delta=1/2\times10^{-2}=0.005$。$d_{low}$和$d_{high}$表示端点差值(6.1)和(6.2)的大小，此时$y$对应于$\delta\hat{m}$。表中最后一列显示当$u(\delta\hat{m})$保留一位有效数字时结果是否通过验证。如果仅考虑一阶项，则GUM不确定度框架没通过验证；如果考虑了高阶项，则GUM不确定度框架有效。因此，在讨论模型的非线性时，仅考虑一阶项是不够的。

9.4 微波功率计校准中的比较损耗

9.4.1 建立公式

在微波功率计校准中,功率计和标准功率计依次连接到稳定的信号源。由于输入电压反射系数不同,各功率计吸收的功率通常并不相同。被校功率计吸收的功率 P_M 和标准功率计吸收的功率 P_S 的比值 Y 为

$$Y=\frac{P_M}{P_S}=\frac{1-|\Gamma_M|^2}{1-|\Gamma_S|^2}\times\frac{|1-\Gamma_S\Gamma_G|^2}{|1-\Gamma_M\Gamma_G|^2} \tag{9.15}$$

式中,Γ_G 是信号源的电压反射系数,Γ_M 是被校功率计的电压反射系数,Γ_S 是标准功率计的电压反射系数,功率比为"比较损耗"的一个实例。

假设标准功率计和信号源无反射,即 $\Gamma_S=\Gamma_G=0$,可测值为 Γ_M 的实部 X_1 和虚部 X_2,$\Gamma_M=X_1+jX_2$,$j^2=-1$,由于 $|\Gamma_M|^2=X_1^2+X_2^2$,式(9.15)变换为

$$Y=1-X_1^2-X_2^2 \tag{9.16}$$

通过测量可分别得到 X_1 和 X_2 的最佳估计值 x_1 和 x_2 及标准不确定度 $u(x_1)$ 和 $u(x_2)$。X_1 和 X_2 通常不独立,$u(x_1,x_2)$ 表示 x_1 和 x_2 的协方差,$u(x_1,x_2)=r(x_1,x_2)u(x_1)u(x_2)$,式中 $r=r(x_1,x_2)$ 表示相关系数。设定 $X=(X_1,X_2)^T$ 的 PDF 为 X_1 和 X_2 的二元正态 PDF,期望和协方差矩阵分别为

$$\begin{bmatrix}x_1\\x_2\end{bmatrix},\begin{bmatrix}u^2(x_1) & ru(x_1)u(x_2)\\ ru(x_1)u(x_2) & u^2(x_2)\end{bmatrix} \tag{9.17}$$

由于公式(9.16)中的 X_1 和 X_2 的大小实际上与单位 1 相比是个小量,因此计算得到的 Y 的值接近单位 1。测量模型可为

$$\delta Y=1-Y=X_1^2+X_2^2 \tag{9.18}$$

由物理性质可知,$0\leqslant Y\leqslant 1$,因此 $0\leqslant \delta Y\leqslant 1$。

对不同的 $x_1,x_2,u(x_1),u(x_2)$,计算 δY 的估计值 δy,标准不确定度 $u(\delta y)$ 及 δy 的包含区间。考虑六种不同取值情况,每种情况下 $x_2=0$,且 $u(x_1)=u(x_2)=0.005$。前三种情况分别取 $x_1=0,0.010,0.050$,$r(x_1,x_2)=0$,其他三种情况分别取 $x_1=0,0.010,0.050$,$r(x_1,x_2)=0.9$。通过选取不同的 x_1 数值(和实际情况相比),可对使用不同方法获得结果有何不同进行研究。在 $r=r(x_1,x_2)=0$ 情况下,公式(9.17)中的协方差矩阵简化为 $\mathrm{diag}[u^2(x_1),u^2(x_2)]$,且 X_1 和 X_2 的相应联合分布简化为两个单变量 X_i 的正态分布的乘积,其期望为 x_i 和标准偏差为 $u(x_i)$,$i=1,2$。

9.4.2 传播和总结:零协方差

9.4.2.1 解析法

一个随机变量 X 的方差可用期望表示为

$$V(X)=E(X^2)-[E(X)]^2$$

因此

$$E(X^2)=[E(X)]^2+V(X)=x^2+u^2(x)$$

其中 x 是 X 的最佳估计值，$u(x)$ 是 x 的标准不确定度。因此，对于模型(9.18)，

$$\delta Y=1-Y=X_1^2+X_2^2$$

δY 的最佳估计值取为其期望，即

$$\delta y=E(\delta Y)=x_1^2+x_2^2+u^2(x_1)+u^2(x_2) \tag{9.19}$$

这一结果适用于:

(1)无论 X_1 和 X_2 设定什么 PDF,

(2)不论 X_1 和 X_2 是否独立。

δY 的最佳估计值 δy 的标准不确定度为

$$u^2(\delta y)=u^2(x_1^2)+u^2(x_2^2)+2u(x_1^2,x_2^2)$$

其中，$u^2(x_1^2)=V(X_1^2)$，$u^2(x_2^2)=V(X_2^2)$，$u(x_1^2,x_2^2)=\mathrm{Cov}(X_1^2,X_2^2)$。之后应用高斯分布的普莱斯(Price)定理，

$$\begin{aligned}u^2(\delta y)=&4u^2(x_1)x_1^2+4u^2(x_2)x_2^2+2u^4(x_1)+2u^4(x_2)\\&+4u^2(x_1,x_2)+8u(x_1,x_2)x_1x_2\end{aligned} \tag{9.20}$$

当 X_1 和 X_2 不相关时，即 $u(x_1,x_2)=0$，式(9.20)变为

$$u^2(\delta y)=4u^2(x_1)x_1^2+4u^2(x_2)x_2^2+2u^4(x_1)+2u^4(x_2) \tag{9.21}$$

在 $x_1=x_2=r(x_1,x_2)=0$ 和 $u(x_1)=u(x_2)$ 的情况，能得到 δY 的 PDF $g_Y(\eta)$ 的解析式

$$g_Y(\eta)=\frac{1}{u^2(x_1)}\chi_2^2\left(\frac{\eta}{u^2(x_1)}\right)=\frac{1}{2u^2(x_1)}\exp\left(-\frac{\eta}{2u^2(x_1)}\right),\eta\geqslant 0$$

由分布的解析式可得到 δy 的 $100p\%$ 包含区间为

$$[\delta y_\alpha,\delta y_{p+\alpha}]\equiv[-2u^2(x_1)\ln(1-\alpha),-2u^2(x_1)\ln(1-p-\alpha)] \tag{9.22}$$

以及 δy 的最短 $100p\%$ 包含区间为

$$[0,-2u^2(x_1)\ln(1-p)] \tag{9.23}$$

9.4.2.2 GUM 不确定度框架

测量模型

$$\delta Y=f(X)=f(X_1,X_2)=X_1^2+X_2^2$$

其中，X_1 和 X_2 分别设定为期望 x_1 和 x_2 及方差 $u^2(x_1)$ 和 $u^2(x_2)$ 的高斯 PDF。

δY 的最佳估计值为

$$\delta y=x_1^2+x_2^2 \tag{9.24}$$

对于标准不确定度 $u(\delta y)$，基于 $f(X)$ 的泰勒级数一阶展开式

$$u^2(\delta y)=\left[\left(\frac{\partial f}{\partial X_1}\right)^2u^2(x_1)+\left(\frac{\partial f}{\partial X_2}\right)^2u^2(x_2)\right]\Bigg|_{X=x}=4x_1^2u^2(x_1)+4x_2^2u^2(x_2) \tag{9.25}$$

如果 f 的非线性十分显著，在式(9.25)的基础上，还需加上高阶项

$$\frac{1}{2}\left[\frac{\partial^2 f}{\partial X_1^2}u^4(x_1)+\frac{\partial^2 f}{\partial X_2^2}u^4(x_2)\right]\Bigg|_{X=x}$$

则

$$u^2(\delta y)=4x_1^2u^2(x_1)+4x_2^2u^2(x_2)+2u^4(x_1)+2u^4(x_2) \tag{9.26}$$

因 δy 假设为高斯 PDF,δY 的95%包含区间由此给出

$$\delta y \pm 1.96u(\delta y) \tag{9.27}$$

9.4.2.3 MCM

测量模型

$$\delta Y = X_1^2 + X_2^2$$

其中,X_1 设定为期望 x_1,方差 $u^2(x_1)$ 的高斯 PDF。X_2 设定为期望 x_2 及方差 $u^2(x_2)$ 的高斯 PDF。

试验次数 $M = 10^6$。

9.4.2.4 结果分析

输入估计值 $x_1 = 0, x_2 = 0, r(x_1, x_2) = 0, u(x_1) = u(x_2) = 0.005$

解析法:

由式(9.19)可得到 δY 的最佳估计值

$$\delta y = E(\delta Y) = x_1^2 + x_2^2 + u^2(x_1) + u^2(x_2) = 50 \times 10^{-6}$$

由式(9.21)可得到 δy 的标准不确定度为

$$u(\delta y) = \sqrt{4u^2(x_1)x_1^2 + 4u^2(x_2)x_2^2 + 2u^4(x_1) + 2u^4(x_2)} = 50 \times 10^{-6}$$

由式(9.23)可得到 δy 的最短95%包含区间为

$$[0, -2u^2(x_1)\ln(1-p)] = [0, 150 \times 10^{-6}]$$

GUM 法:

由式(9.24)可得到 δY 的最佳估计值

$$\delta y = x_1^2 + x_2^2 = 0$$

由式(9.25)可得到 δy 的标准不确定度为

$$u(\delta y) = \sqrt{4x_1^2u^2(x_1) + 4x_2^2u^2(x_2)} = 0$$

这里使用了仅含一阶项的不确定度传播律,则标准不确定度的计算结果为0,这是不正确的。

对于 $x_1 = 0$,应用不确定度传播律时,必须含高阶项,由式(9.26)可得到 δy 的标准不确定度为

$$u(\delta y) = \sqrt{4x_1^2u^2(x_1) + 4x_2^2u^2(x_2) + 2u^4(x_1) + 2u^4(x_2)} = 50 \times 10^{-6}$$

在 GUM 不确定度框架中,假设输出量 δY 的分布为高斯分布 $N\left(0, (50 \times 10^{-6})^2\right)$。

由式(9.27)可得到 δy 的95%包含区间为

$$[\delta y - 1.96u(\delta y), \delta y + 1.96u(\delta y)] = [-98 \times 10^{-6}, 98 \times 10^{-6}]$$

MCM 的 Matlab 实施程序:

```
clear;
u1 =0.050;
u2 =0;
sigma1 =0.005;
sigma2 =0.005;
```

```
p=0.95;
M=1000000;
x1=random('norm',u1,sigma1,1,M);
x2=random('norm',u2,sigma2,1,M);
y=x1.* x1+x2.* x2;
y=sort(y);
y_mean=mean(y);
y_std=std(y);
q=round(p* M);r=round((M-q)/2);
y_low=y(r);y_high=y(r+q);
r=1;
while  r<=(M-q)
if y(r+q)-y(r)<=y_high-y_low;
      y_low=y(r);y_high=y(r+q);
end
   r=r+1;
end
Y_mean=y_mean,Y_std=y_std,Y_low=y_low,Y_high=y_high
lower=min(y);upper=max(y);
xc=lower:(upper-lower)/49:upper;
n=hist(y,xc);
bar(xc,n./(((upper-lower)/49)* M),1);
```

执行结果：

Y_mean = 5.0003e - 005, Y_std = 4.9959e - 005, Y_low = 2.3532e - 013, Y_high = 1.4943e - 004。

得到 δY 的最佳估计值 $\delta y=50\times10^{-6}$，δy 的标准不确定度为 $u(\delta y)=50\times10^{-6}$，$\delta y$ 的最短 95% 包含区间为 $[0,150\times10^{-6}]$。

解析法、GUM 法（包括含一阶项的 GUM 法，含高阶项的 GUM 法）以及 MCM 等三种方法获得的 δY 的最佳估计值 δy，δy 的标准不确定度以及 δy 的最短 95% 包含区间的结果汇总在表 9.5 的第三行中。

表 9.5　协方差为零时，解析法（A）、含一阶项的 GUM 法（G_1）、含高阶项的 GUM 法（G_2）以及 MCM（M）获得的比较损耗结果

x_1	估计值 $\delta y/10^{-6}$			标准不确定度 $u(\delta y)/10^{-6}$				δY 的最短 95% 包含区间/10^{-6}			
	A	G	M	A	G_1	G_2	M	A	G_1	G_2	M
0.000	50	0	50	50	0	50	50	[0,150]	[0,0]	[-98,98]	[0,150]
0.010	150	100	150	112	100	112	112	—	[-96,296]	[-119,319]	[0,367]
0.050	2550	2500	2551	502	500	502	502	—	[1520,3480]	[1515,3485]	[1590,3543]

在输入估计处计算模型所获得的 $\delta y=0$ 是无效的：对于 $\delta Y<0$，正确（解析）的 $g_{\delta Y}(\eta)$ 同样为0；该估计位于那个函数非零部分的边界。MCM 提供的估计值与解析结果一致。基于一阶项的不确定度传播律给出了错误的 $u(\delta y)$ 值，即 $u(\delta y)$ 为零。根据高阶项的不确定度传播律得到的数值（50×10^{-6}）与解析结果及 MCM 获得的结果一致。

GUM 法所提供的95%包含区间，是不切实际的：关于 $\delta Y=0$ 对称，因此意味着 δY 为负有50%概率，这是错误的。解析解得到的最短95%包含区间与 MCM 获得的最短95%包含区间完全一致。

图9.5给出了通过以下途径由分布传播确定的 δY 的 PDF。

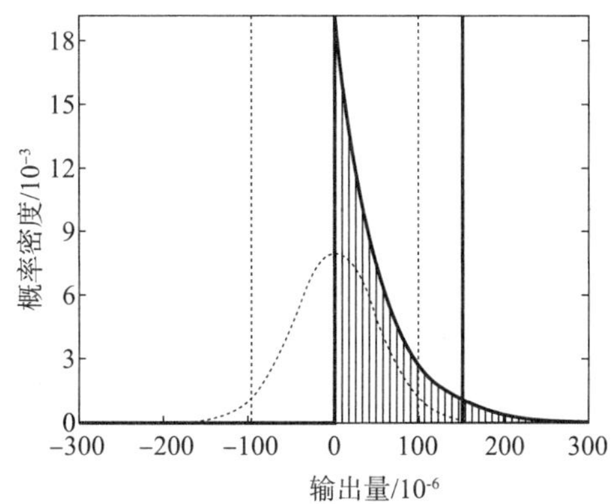

图9.5　$x_1=x_2=0,u(x_1)=u(x_2)=0.005,r(x_1,x_2)=0$ 时，功率计校准中比较损耗模型的结果

（1）解析法（$\delta Y\geqslant0$ 时，指数递减曲线，其余为0）；

（2）含高阶项的 GUM 法（钟形曲线）；

（3）MCM（频率分布）。

从图中可知，应用含高阶项的 GUM 法所得到的 PDF 和解析解有很大区别，其原因就是输出量是由高斯 PDF 来表征的。但没有一个高斯 PDF 能在此情况下足够表示解析结果。从图9.5中可看出 MCM 提供的 PDF 与解析解一致。

图9.5还给出了 δY 的几种近似分布函数的最短95%包含区间，图中虚垂直线所示的 GUM 法所提供的95%包含区间。实垂直线是解析解的最短95%包含区间的端点。从图形上无法区分最短95%包含区间的端点究竟是利用 MCM 获得的还是解析法得到的。

输入估计值 $x_1=0.010,x_2=0,r(x_1,x_2)=0,u(x_1)=u(x_2)=0.005$

对于输入估计 $x_1=0.010$，相关系数 $r(x_1,x_2)=0$，图9.6显示了运用仅含一阶项、含高阶项的 GUM 不确定度框架以及运用 MCM 获得的 PDF。MCM 提供的 PDF 稍微有点偏左侧面，虽然在零处截尾，零为 δY 可能出现的最小值。而且，和 $x_1=0$ 时的结果比较，仅含一阶项和含高阶项的 GUM 不确定度框架提供的高斯 PDF 在形式上更接近。这两个高斯 PDF 彼此之间依次互相接近，δY 的期望都为 1.0×10^{-4}，标准偏差分别为 1.0×10^{-4} 和 1.1×10^{-4}。

图9.6还给出了由三种方法获得的最短95%包含区间的端点。实垂直线表明由 MCM 提供的区间端点，粗垂直虚线表明由含一阶项的 GUM 不确定度框架得到的区间端点，细虚垂直线表明由含高阶项的 GUM 不确定度框架得到的区间端点。和 MCM 的最短95%包含区间相比，由 GUM 不确定度框架提供的区间向左侧偏移，因此，他们也包括不切实际的 δY 值。偏移量约为标准不确定度的70%。MCM 提供的区间左端点位于零点处，即最小可实现值。表9.5中的倒数第二行给出了相应的结果。

输入估计值 $x_1=0.050,x_2=0,r(x_1,x_2)=0,u(x_1)=u(x_2)=0.005$

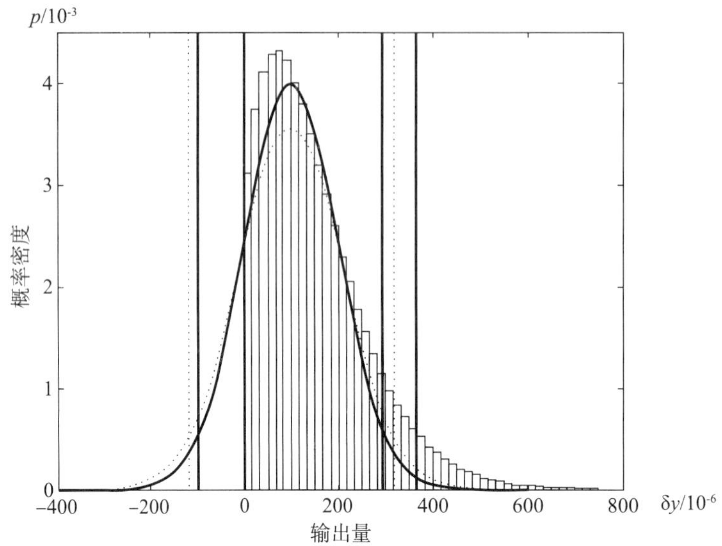

图 9.6　同图 9.5，但 $x_1 = 0.010$，及由含一阶项的 GUM 法（高峰值曲线）及含高阶项的 GUM 法（低峰值曲线）获得 PDF

除 $x_1 = 0.050$ 外，图 9.7 和图 9.6 相似。这里，由 GUM 不确定度框架两种变化所提供的 PDF 互相之间无法明显区分，而且，他们现在与 MCM 提供的 PDF 近似非常接近。PDF 有轻微的偏态，在后部区域可证实。由 GUM 不确定度框架两种变化所提供的包含区间几乎相同，但是和 MCM 得到的包含区间仍然有偏移，偏移量约为标准不确定度的 10%。GUM 不确定度框架提供的区间此时是可行的。表 9.5 中的倒数第一行给出了相应的结果。

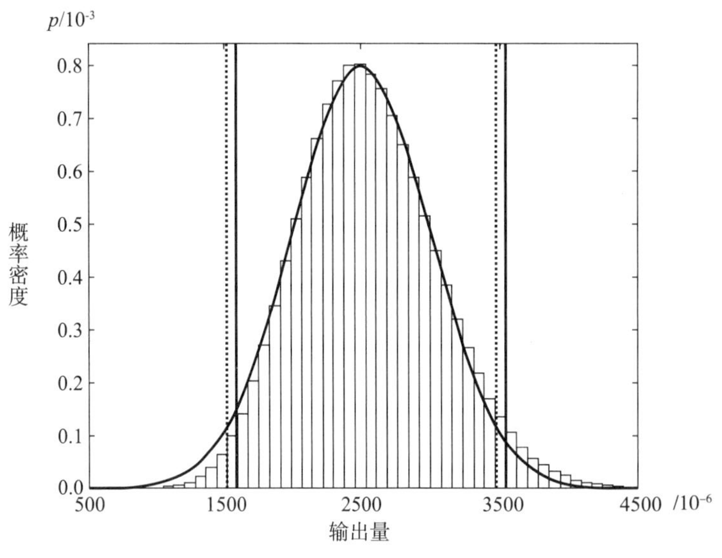

图 9.7　同图 9.6，但 $x_1 = 0.050$

9.4.3　传播和总结：非零协方差

9.4.3.1　解析法

在 9.4.1.1 节中，给出了不论 X_1 和 X_2 是否独立，δY 的最佳估计值都为

$$\delta y = E(\delta Y) = x_1^2 + x_2^2 + u^2(x_1) + u^2(x_2) \tag{9.28}$$

在 9.4.1.1 节中，式(9.20)还给出了 X_1 和 X_2 相关情况下，δy 的标准不确定度为

$$u^2(\delta y)=4u^2(x_1)x_1^2+4u^2(x_2)x_2^2+2u^4(x_1)+2u^4(x_2)\\+4u^2(x_1,x_2)+8u(x_1,x_2)x_1x_2 \tag{9.29}$$

9.4.3.2　GUM 不确定度框架

当 X_i 存在非零协方差时，即输入量相关情况下，GUM 未提供含高阶项的类似公式。因此，只应用仅含一阶项的 GUM 不确定度框架。和 X_i 无关情况不同，不使用含高阶项的 GUM 不确定度框架。

δY 的最佳估计值为

$$\delta y=x_1^2+x_2^2$$

对于含一阶项的 GUM 不确定度框架，计算 $u(\delta y)$

$$\begin{aligned}u^2(\delta y)&=\left[\left(\frac{\partial f}{\partial X_1}\right)^2u^2(x_1)+\left(\frac{\partial f}{\partial X_2}\right)^2u^2(x_2)+2\frac{\partial f}{\partial X_1}\frac{\partial f}{\partial X_2}r(x_1,x_2)u(x_1)u(x_2)\right]\Bigg|_{X=x}\\&=4x_1^2u^2(x_1)+4x_2^2u^2(x_2)+8r(x_1,x_2)x_1x_2u(x_1)u(x_2)\end{aligned} \tag{9.30}$$

9.4.3.3　MCM

通过对 $\boldsymbol{X}$ 的随机抽样以实施 MCM，此 $\boldsymbol{X}$ 由给定期望和协方差矩阵（表达式((9.17))的二维高斯 PDF 来表征。多元高斯分布的抽样方法可参考 3.4 节。

9.4.3.4　结果分析

输入估计值 $x_1=0.000$，$x_2=0$，$r(x_1,x_2)=0.9$，$u(x_1)=u(x_2)=0.005$

GUM 法：因 $x_2=0$，由式(9.30)可知，$u^2(\delta y)=4x_1^2u^2(x_1)$，$u(\delta y)$ 不依赖于 $r(x_1,x_2)$，含一阶项的 GUM 不确定度框架与 9.4.2 中给出的结果相同。尤其是对于 $x_1=0.000$，如 9.4.2，$u(\delta y)$ 的计算结果为 0，这是不正确的。

MCM 的 Matlab 实施程序：

```
clear;
u1 =0.050;
u2 =0;
sigma1 =0.005;
sigma2 =0.005;
r12 =0.9;
M =1000000;
p =0.95;
MU =[u1,u2];
SIGMA =[sigma1*sigma1,r12*sigma1*sigma2;r12*sigma1*sigma2,sigma2
*sigma2];
x =mvnrnd(MU,SIGMA,M);
x1 =x(:,1);
x2 =x(:,2);
```

```
y=x1.* x1+x2.* x2;
y=sort(y);
y_mean=mean(y);
y_std=std(y);
q=round(p* M);r=round((M-q)/2);
y_low=y(r);y_high=y(r+q);
r=1;
while r<=(M-q)
if y(r+q)-y(r)<=y_high-y_low;
      y_low=y(r);y_high=y(r+q);
end
   r=r+1;
end
Y_mean=y_mean,Y_std=y_std,Y_low=y_low,Y_high=y_high
lower=min(y);upper=max(y);
xc=lower:(upper-lower)/99:upper;
n=hist(y,xc);
bar(xc,n./(((upper-lower)/99)* M),1);
```

执行结果：Y_mean=4.9921e-005，Y_std=6.7279e-005，Y_low=4.4538e-011，Y_high=1.8439e-004。

对输入估计值 $x_1=0.010$，在上述程序中，将 u1=0 改为 u1=0.010，执行程序的结果为 Y_mean=1.4996e-004，Y_std=1.2058e-004，Y_low=1.3412e-005，Y_high=3.9851e-004。

对输入估计值 $x_1=0.050$，在上述程序中，将 u1=0 改为 u1=0.050，执行程序的结果为 Y_mean=0.00255，Y_std=5.0427e-004，Y_low=0.001628，Y_high=0.003561。

表 9.6 和表 9.7 给出了计算结果。MCM 得到的结果表明，虽然 δy 不受 X_i 之间相关性的影响，但是 $u(\delta y)$ 还是受到了影响，对于较小的 x_1 更是如此。相应地也影响到 95% 包含区间。

表 9.6　协方差不为零（$r(x_1,x_2)=0.9$）时，解析法（A）、GUM 法（G）以及 MCM（M）获得的比较损耗结果

x_1	估计值 $\delta y/10^{-6}$			标准不确定度 $u(\delta y)/10^{-6}$		
	A	G	M	A	G	M
0.000	50	0	50	67	0	67
0.010	150	100	150	121	100	121
0.050	2550	2500	2551	505	500	504

表 9.7　协方差不为零（$r(x_1,x_2)=0.9$）时，解析法（A）、GUM 法（G）以及 MCM（M）获得的比较损耗结果

x_1	δY 的最短 95% 包含区间$/10^{-3}$		
	A	G	M
0.000	—	[0,0]	[0,185]
0.010	—	[-96,296]	[13,398]
0.050	—	[1520,3480]	[1628,3555]

图9.8和图9.9分别给出了 $x_1=0.010$ 和 $x_1=0.050$ 时，由含一阶项(钟形曲线)的GUM法和MCM(频率分布)所提供的PDF。图9.8和图9.9也给出了由这两种方法所提供的最短95%包含区间的端点。GUM法和MCM提供的最短95%包含区间端点分别以垂直虚线和垂直实线所示。当 $x_1=0.010$ 时(图9.8)，相关性的影响已显著地改变了MCM获得的结果(和图9.6比较)，不仅改变了PDF的形状，而且相应的包含区间的左端点不再为零。当 $x_1=0.050$ 时(图9.9)，输入量不相关或相关时的结果之间的差异并不明显(和图9.7比较)。

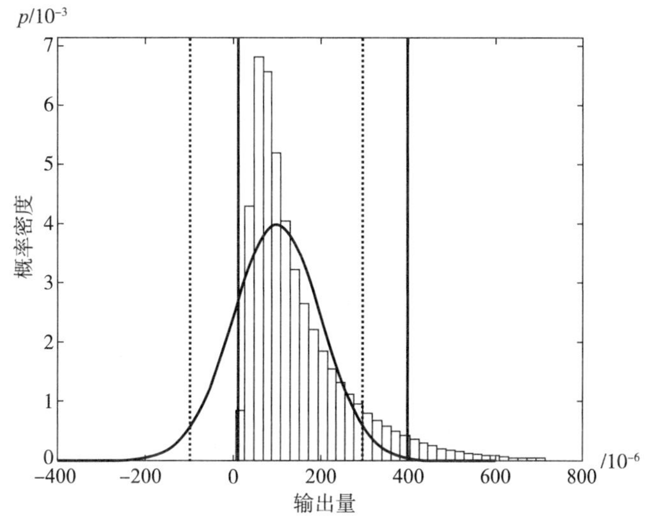

图9.8　$x_1=0.010, x_2=0, u(x_1)=u(x_2)=0.005, r(x_1,x_2)=0.9$ 时，功率计校准中比较损耗模型的结果

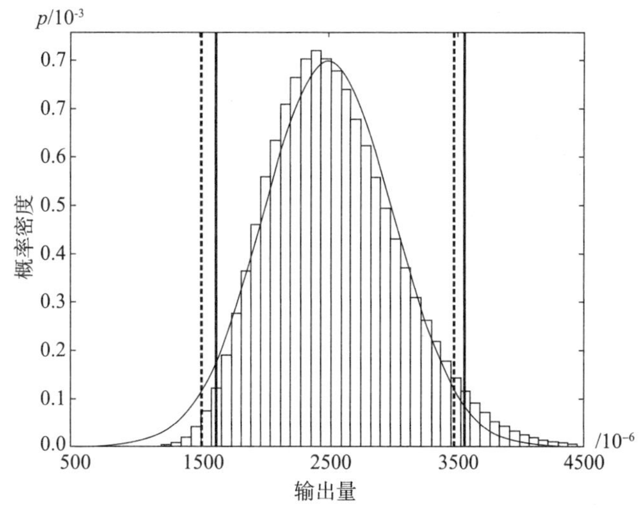

图9.9　同图9.8，但 $x_1=0.050$

9.5　量块校准

9.5.1　建立公式建模

标称值为50mm的被校量块，通过与相同标称值的标准量块比较，能确定其长度。比较

该两个量块的长度,得到长度差

$$d = L(1+\alpha\theta) - L_s(1+\alpha_s\theta_s) \tag{9.31}$$

式中,L 为被校准量块在 20℃时的长度,L_s 为标准量块在 20℃时的长度,由校准证书给出,α 和 α_s 分别为被校量块和标准量块的热膨胀系数,θ 和 θ_s 分别为被校量块和标准量块的温度与 20℃参考温度的差值。

由式(9.31)得到输出量 L 的公式为

$$L = \frac{L_s(1+\alpha_s\theta_s)+d}{1+\alpha\theta} \tag{9.32}$$

取线性近似已足够满足大多数实际情况

$$L = L_s + d + L_s(\alpha_s\theta_s - \alpha\theta) \tag{9.33}$$

被校量块和标准量块间的温度差以 $\delta\theta = \theta - \theta_s$ 表示,热膨胀系数的差以 $\delta\alpha = \alpha - \alpha_s$ 表示,则式(9.32)和式(9.33)分别为

$$L = \frac{L_s[1+\alpha_s(\theta-\delta\theta)]+d}{1+(\alpha_s+\delta\alpha)\theta} \tag{9.34}$$

和

$$L = L_s + d + L_s(\theta\delta\alpha + \alpha_s\delta\theta) \tag{9.35}$$

用比较仪测量被校量块和标准量块的长度差 d,独立重复测量 5 次

$$d = D + d_1 + d_2 \tag{9.36}$$

式中,D 是 5 次测量的平均值,d_1 和 d_2 分别为使用比较仪的随机影响和系统影响。

被校量块温度与 20℃参考温度的差值 θ 为

$$\theta = \theta_0 + \Delta \tag{9.37}$$

式中,θ_0 表示量块偏离 20℃的平均温度差值,Δ表示偏离 θ_0 的周期性变化的温差。

将式(9.36)和式(9.37)代入式(9.34)和式(9.35),δL 表示 L 和量块的标称长度 $L_{nom} = 50\text{mm}$ 之间的差:

$$\delta L = \frac{L_s[1+\alpha_s(\theta_0+\Delta-\delta\theta)]+D+d_1+d_2}{1+(\alpha_s+\delta\alpha)(\theta_0+\Delta)} - L_{nom} \tag{9.38}$$

和

$$\delta L = L_s + D + d_1 + d_2 - L_s[\delta\alpha(\theta_0+\Delta)+\alpha_s\delta\theta] - L_{nom} \tag{9.39}$$

作为测量模型。

这里测量问题的处理是针对模型式(9.38)和式(9.39)的,模型的输出量为 δL,输入量为 $L_s, D, d_1, d_2, \alpha_s, \theta_0, \Delta, \delta\alpha$ 和 $\delta\theta$。它不同于 GUM 中例 H.1,这是因为在 GUM 中模型式(9.36)和式(9.37)作为模型式(9.34)和式(9.35)的子模型处理的,即,GUM 不确定度框架模型应用于式(9.36)和式(9.37),再用获得的结果提供模型式(9.34)和式(9.35)中的输入量 d 和 θ 的有关信息。这里的处理方式避免了必须利用 MCM 所获得的结果应用于子模型式(9.36)和式(9.37)来提供式(9.34)和式(9.35)中的输入量 d 和 θ 的有关分布信息。

9.5.2 建立公式:设定 PDF

在下列中条款中,提供了有关模型式(9.36)和式(9.37)中各输入量的有用信息。这些信息摘录于 GUM 中给出的描述,且对于每个信息项,可识别信息项来源于哪项 GUM 条款。

还提供了有关变量的分布的分配信息的解释。

(1)标准量块的长度 L_s

标准量块的校准证书给出了20℃时其长度 $\hat{L}_s=50.000623\text{mm}$。标准量块的扩展不确定度为 $U_p=0.075\mu\text{m}$,并说明是由包含因子 $k_p=3$ 时获得的。证书中给出了合成标准不确定度的有效自由度 $\nu_{eff}(u(\hat{L}_s))=18$,由此可获得上述扩展不确定度。

L_s 设定为缩放平移 t 分布 $t_\nu(\mu,\sigma^2)$,其中

$$\mu=50000623\text{nm},\sigma=\frac{U_p}{k_p}=\frac{75}{3}\text{nm}=25\text{nm},\nu=18$$

(2)平均长度差 D

被校量块和标准量块之间长度差的5次测量的平均值 $\hat{D}$ 为215nm。表征 L 和 L_s 的之差的合并实验标准偏差为两个标准量块长度差进行25次独立重复观测确定,大小为13nm。

D 设定为缩放平移 t 分布 $t_\nu(\mu,\sigma^2)$,其中

$$\mu=215\text{nm},\sigma=\frac{13}{\sqrt{5}}\text{nm}=6\text{nm},\nu=24$$

(3)比较仪的随机影响 d_1

根据用以比较 L 和 L_s 的比较仪的校准证书,随机效应引起的不确定度为 $0.01\mu\text{m}$,其包含概率为95%,由6次独立测量获得。

d_1 服从缩放平移 t 分布 $t_\nu(\mu,\sigma^2)$,其中

$$\mu=0\text{nm},\sigma=\frac{U_{0.95}}{k_{0.95}}=\frac{10}{2.57}\text{nm}=4\text{nm},\nu=5$$

此时,查GUM中的表格G.2可得 $k_{0.95}$,自由度 $\nu=5,p=0.95$。

(4)比较仪的系统影响 d_2

比较仪的校准证书给出的系统影响引起的不确定度为 $0.02\mu\text{m}$(“3σ”),具有25%的不可靠,则自由度为 $\nu_{eff}(u(\hat{d}_2))=8$。

d_2 设定为缩放平移 t 分布 $t_\nu(\mu,\sigma^2)$,其中

$$\mu=0\text{nm},\sigma=\frac{U_{0.95}}{k_{0.95}}=\frac{20}{3}\text{nm}=7\text{nm},\nu=8$$

(5)热膨胀系数 α_s

标准量块的热膨胀系数为 $\hat{\alpha}_s=11.5\times10^{-6}℃^{-1}$,其可能值可用范围为 $\pm2\times10^{-6}℃^{-1}$ 的矩形分布表示。

没有有关上下限的可靠性的信息,因此上下限明确已知的矩形分布设定给 α_s,即 α_s 设定为矩形分布 $R(a,b)$,上限和下限分别为

$$a=9.5\times10^{-6}℃^{-1},b=13.5\times10^{-6}℃^{-1}$$

因为相应的灵敏系数为0,GUM中可能会忽略这样的信息,因此在仅基于一阶项的不确定度框架的应用中,该量对不确定度没有贡献。

(6)平均温度差 θ_0

测试平台的温度为(19.5±0.5)℃。测试平台平均温度差 $\hat{\theta}_0=-0.1℃$,测试平台的平均温度引入的标准不确定度 $u(\hat{\theta}_0)=0.2℃$。

没有有关不确定度评定来源的信息，仅知道 θ_0 的估计值和其标准确定度，因此 θ_0 设定为高斯分布 $N(\mu,\sigma^2)$，其中

$$\mu=-0.1℃,\sigma=0.2℃$$

(7)周期温度变化影响 Δ

测试平台的温度为(19.5 ±0.5)℃。Δ 最大偏差为0.5℃，为温度调节装置系统下温度近似周期变化的近似值。温度的周期变化结果具有U形分布(反正弦)。

没有有关上下限的可靠性的信息，因此上下限明确已知的U形分布设定给 Δ，即 Δ 设定为反正弦分布 $U(a,b)$，上限和下限分别为

$$a=-0.5℃,b=0.5℃$$

因为相应的灵敏系数为0，GUM中可能会忽略这样的信息，因此在仅基于一阶项的不确定度框架的应用中，该量对不确定度没有贡献。

(8)膨胀系数差 $\delta\alpha$

估计膨胀系数之差 $\delta\alpha$ 在 $\pm1\times10^{-6}℃^{-1}$ 区间内，并以等概率落在此区间内，估计 $\delta\alpha$ 的不可靠程度为10%，得到其自由度 $\nu(u(\widehat{\delta\alpha}))=50$。

由于估计的界限有10%的不可靠程度，$\delta\alpha$ 的上下限的不确定的范围分别为 $d=1\times10^{-6}℃^{-1}\times10\%=0.1\times10^{-6}℃^{-1}$，因此 $\delta\alpha$ 设定为上下限没有准确给出的矩形分布，即 $\delta\alpha$ 设定为曲线梯形分布 CTrap(a,b,d)，其中

$$a=-1.0\times10^{-6}℃^{-1},b=1.0\times10^{-6}℃^{-1},d=0.1\times10^{-6}℃^{-1}$$

(9)温度差 $\delta\theta$

标准量块和被校量块希望处于同一温度，但温度差 $\delta\theta$ 以等概率落在估计区间 -0.05℃ 到0.05℃。此偏差只有50%的可靠性，得到其自由度 $\nu\left(u(\widehat{\delta\theta})\right)=2$。

由于估计的界限有50%的不可靠程度，$\delta\theta$ 的上下限的不确定的范围分别为 $d=0.05℃\times50\%=0.025℃$，因此 $\delta\theta$ 设定为上下限没有准确给出的矩形分布，即 $\delta\theta$ 设定为曲线梯形分布 CTrap(a,b,d)，其中

$$a=-0.050℃,b=0.050℃,d=0.025°C$$

根据各输入量的可获信息，设定的输入量的分布的总结见表9.8。

表9.8 量块模型式(9.36)和式(9.37)的输入量设定PDF

变量	可获信息						设定分布
	μ	σ	ν	a	b	d	
L_s	50000623nm	25nm	18	—	—	—	$t_\nu(\mu,\sigma^2)$
D	215nm	6nm	24	—	—	—	$t_\nu(\mu,\sigma^2)$
d_1	0nm	4nm	5	—	—	—	$t_\nu(\mu,\sigma^2)$
d_2	0nm	7nm	8	—	—	—	$t_\nu(\mu,\sigma^2)$
α_s	—	—	—	$9.5\times10^{-6\circ}C^{-1}$	$13.5\times10^{-6\circ}C^{-1}$	—	$R(a,b)$
θ	-0.1℃	0.2℃	—	—	—	—	$N(\mu,\sigma^2)$
Δ	—	—	—	-0.5℃	0.5℃	—	$U(a,b)$
$\delta\alpha$	—	—	—	$-1.0\times10^{-6}℃^{-1}$	$1.0\times10^{-6}℃^{-1}$	$0.1\times10^{-6}℃^{-1}$	Ctrap(a,b,d)
$\delta\theta$	—	—	—	-0.050℃	0.050℃	0.025℃	Ctrap(a,b,d)

9.5.3　传播和总结

9.5.3.1　GUM 不确定度框架

GUM 不确定度框架的应用基于：

——模型(9.36)和(9.37)的一阶泰勒级数近似。

——运用韦尔奇—萨特思韦特公式计算由不确定度传播律获得的不确定度的有效自由度(舍掉小数部分)。

——输出量假设为自由度为上述有效自由度的缩放平移 t 分布。

9.5.3.2　蒙特卡洛方法

MCM 的应用：

——要求从矩形分布，高斯分布，t 分布，U 形分布，界限未精确给定的矩形分布抽样，以及

——实施自适应的 MCM，数值容差($\delta=0.5$)，标准不确定度的有效数字 $n_{dig}=2$。

9.5.4　结果

GUM 法的结果可参看 JJF 1059.1 中的附录 A.3.1。

MCM 实施 Matlab 程序：

在表 8.2 的第 2 行，包含概率 p 改为 $p=0.99$。

给定输入量的概率分布，表 8.2 的第 7 ~ 13 行改为

```
L_s =50000623 +25* random('t',18,1,M);
D =215 +6* random('t',24,1,M);
d1 =4* random('t',5,1,M);
d2 =7* random('t',8,1,M);
alfa_s = random('unif',9.5* 10^ -6,13.5* 10^ -6,1,M);
theta_0 = random('norm', -0.1,0.2,1,M);
delta = ( -0.5 +0.5)/2 + ((0.5 - ( -0.5))/2)* cos(pi* rand(1,M));
d =0.1* 10^ -6;
ak = ( -1.0* 10^ -6 -d) +2* d* rand(1,M);
bk = ( -1.0* 10^ -6 +1.0* 10^ -6) -ak;
delta_alfa = ak + (bk -ak).* rand(1,M);
d =0.025;
ak = ( -0.05 -d) +2* d* rand(1,M);
bk = ( -0.05 +0.05) -ak;
delta_theta = ak + (bk -ak).* rand(1,M);
L_norm =50* 10^ 6;
```

14 行的测量模型改为

```
y = L_s + D + d1 + d2 - L_s.* (delta_alfa.* (theta_0 + delta) + alfa_s.*
```

```
delta_theta) - L_norm;
```

其他保持不变,执行程序的结果为

试验次数为 180000,y_mean = 837.9629,y_standard = 35.9156,

y_limit_low = 743.4482,y_limit_high = 931.3677。

表 9.9 给出了有关近似模型(9.37)的结果。图 9.10 给出了由 GUM 不确定度框架获得的 δL 的 PDF(实线)及由 MCM 获得的 δL 的 PDF(缩放频率分布)。由 GUM 不确定度框架获得的分布为自由度 $v=16$ 的 t 分布。这些 PDF 获得的 δL 的最短 99% 包含区间端点,垂直线所示,是不可分辨的。

表 9.9　利用表 9.8 中总结的信息,有关近似模型(9.37)获得的结果

方法	$\widehat{\delta L}$/nm 符号	$u(\widehat{\delta L})$/nm 符号	δL/nm 最短 99% 包含区间
GUM 法	838	32	[745,931]
MCM	838	36	[745,932]

有关非线性模型(9.36)获得的结果和表 9.9 给出的结果相同,只是有效数字的位数有所区别。

获得的结果之间存在细微的差异。应用 MCM 获得的 $u(\widehat{\delta L})$ 比应用 GUM 不确定度框架的要大 4nm。获得的 δL 的 99% 包含区间长度要大 1nm。在非线性模型和近似模型中同样存在这种差异,这样的差异是否重要需根据使用结果的具体用途来判断。

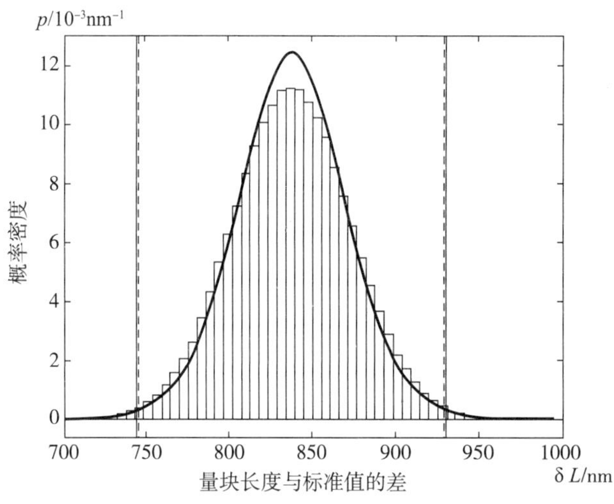

图 9.10　利用表 9.8 中总结的信息,对近似模型(9.37)运用 GUM 不确定度框架(实钟形曲线)及 MCM(成比例的直方图)获得的 δL 的 PDF

9.6　氢氧化钠溶液的标定

本例讨论的是氢氧化钠(NaOH)溶液浓度的标定实验。NaOH 由滴定标准物邻苯二甲酸氢(KHP)标定。已知 NaOH 溶液浓度在 0.1mol/L 左右。滴定的终点由自动滴定装置判断,在该装置装有测定 pH 曲线形状的组合 pH 电极。滴定标准物 KHP 的有效成分,即与其分子总数有关的自由子的数目,使标定的 NaOH 溶液的浓度可溯源至 SI 国际单位制。

9.6.1 GUM 法

9.6.1.1 建立公式模型

测量的具体步骤,包括列出测定步骤、被测量的数学计算公式及其所依据的参数。

步骤:

NaOH 溶液的标定包括以下步骤

(1)按供应商的说明,将标准物 KHP 干燥。供应商的说明印制在其提供的产品目录中,并且注明了滴定标准物的纯度及其不确定度。滴定 19mL 浓度为 0.1mol/L 的 NaOH 溶液大约需要消耗 KHP 的量为:

$$\frac{204.2212\times 0.1\times 19}{1000\times 1.0}\mathrm{g}=0.388\mathrm{g}$$

称量应使用最后一位为 0.1mg 的天平。

(2)配制 0.1mol/L 的 NaOH 溶液。为配制 1L NaOH 溶液,大约需要称取 4gNaOH。然而,由于 NaOH 溶液的浓度是由标准物 KHP 来测定,而不是直接计算得到,因此不需要与 NaOH 的相对分子质量或其质量有关的不确定度来源信息。

(3)将称取的滴定标准物 KHP 溶解于约 50mL 去离子水中,再以 NaOH 溶液滴定。采用自动滴定装置来滴加 NaOH 溶液,并记录 pH 曲线。从自动滴定装置记录的 pH 曲线判定滴定终点。

计算:

被测量,即 NaOH 溶液的浓度,取决于 KHP 的质量、纯度、相对分子质量和滴定终点时消耗的 NaOH 的体积

$$c_{\mathrm{NaOH}}=\frac{1000\cdot m_{\mathrm{KHP}}\cdot P_{\mathrm{KHP}}}{M_{\mathrm{KHP}}\cdot V_{\mathrm{T}}}\mathrm{mol/L} \tag{9.40}$$

式中:c_{NaOH}——NaOH 溶液的浓度,mol/L;

1000——由[mL]转化为[L]的换算系数;

m_{KHP}——滴定标准物 KHP 的质量,g;

P_{KHP}——滴定标准物 KHP 的纯度,以质量分数表示;

M_{KHP}——KHP 的摩尔质量,g/moL;

V_{T}——NaOH 溶液滴定消耗的体积,mL。

9.6.1.2 建立公式不确定度来源

分析不确定度来源,了解其对被测量及其不确定度的影响。

质量 m_{KHP}:

大约称取 388mgKHP 来标定 NaOH 溶液。称重为减量称量。净重称量(m_{tare})和总重称量(m_{gross})两种。每一次称重都会有随机变化和天平校准带来的不确定度。天平校准本身有两个可能的不确定度来源:灵敏度和校准函数的线性。如果称量是用同一台天平且称量范围很小,则灵敏度带来的不确定度可忽略不计。

纯度 P_{KHP}:

供应商目录中标注的 KHP 的纯度介于 99.95% 至 100.05% 之间。因此 P_{KHP} 等于

1.0000 ±0.0005。

如果干燥过程完全按供应商的规定进行,则无其他不确定度来源。

摩尔质量 M_{KHP}:

邻苯二甲酸氢钾(KHP)的传统分子式为 $C_8H_5O_4K$。该分子的摩尔质量的不确定度可以通过合成各组成元素相对原子质量的不确定度得到。IUPAC 每两年在《纯粹和应用化学杂志》上发表一次包括不确定度评估值的相对原子质量表。摩尔质量可以直接由该表计算得到。

体积 V_t

滴定过程借助于 20mL 的活塞滴定管。正如前面例子中充满容量瓶一样,NaOH 溶液从活塞滴定管滴定的体积有三个同样的不确定度来源。这三个来源是滴定体积的重复性、体积校准时的不确定度、以及由实验室温度与活塞滴定管校准时温度不一致而带来的不确定度。此外,终点检测过程也有影响,有两个不确定来源。

(1)终点检测的重复性,它独立于滴定体积的重复性。

(2)由于滴定过程中吸入二氧化碳及由滴定曲线计算终点的不准确,滴定终点与等当点之间可能存在的系统误差。

9.6.1.3 建立公式不确定度分量的定量

9.6.1.2 节确定的各不确定度来源在本小节中进行量化,并转化为标准不确定度。通常,各类实验都至少包含了活塞滴管滴定体积的重复性和称量操作的重复性。因此,将各重复性分量合并为总试验的一个分量,并且利用方法确认的数值将其量化是合理的。方法确认表明滴定实验的重复性为 0.05%。该值可直接用于合成不确定度的计算。因此式(9.40)变为

$$c_{NaOH} = \frac{1000 \cdot m_{KHP} \cdot P_{KHP}}{M_{KHP} \cdot V_T} \times rep \text{ mol/L} \tag{9.41}$$

其中 rep 为重复性,其估计值为 $rep = 1.0$,其标准不确定度为 $u(rep) = 0.05\%$。

质量 m_{KHP}:

相关称量有:

容器和 KHP:60.5450g(观测)

容器和减量的 KHP:60.1562g(观测)

KHP:0.3888g(计算)

由于引入了前面已经确定的合成重复性,因此没有必要考虑称量的重复性。天平量程范围内的系统偏移将被抵消。因此,不确定度仅限于天平的线性不确定度。

线性:天平计量证书标明其线性为 ±0.15mg。该数值是托盘上的实际质量与天平读数的最大差值。

天平制造商自身的不确定度评价建议采用矩形分布将线性分量转化为标准不确定度。因此,天平的线性分量为

$$\frac{0.15\text{mg}}{\sqrt{3}} = 0.09\text{mg}$$

上述分量必须计算二次,一次作为空盘,另一次为毛重,因为每一次称重均为独立的观测结果,两者的线性影响间是不相关的。

由此得到质量m_{KHP}的标准不确定度$u(m_{KHP})$数值为：

$$u(m_{KPH}) = \sqrt{2 \times (0.09)^2}\text{mg} = 0.13\text{mg}$$

纯度P_{KHP}：

P_{KHP}为1.0000±0.0005。供应商在目录中没有给出不确定度的进一步的信息，因此可将该不确定度视为矩形分布，标准不确定度

$$u(P_{KHP}) = \frac{0.0005}{\sqrt{3}} = 0.00029$$

摩尔质量M_{KHP}：

从IUPAC最新版的相对原子质量表中查得的KHP($C_8H_5O_4K$)中各元素的相对原子质量和不确定度：

元素	相对原子质量	不确定度	标准不确定度
C	12.0107	±0.0008	0.00046
H	1.00794	±0.00007	0.000040
O	15.9994	±0.0003	0.00017
K	39.0983	±0.0001	0.000058

对于每一个元素来说，标准不确定度是将IUPAC所列不确定度作为矩形分布的极差计算得到的。因此相应的标准不确定度等于查得数值除以$\sqrt{3}$。

各元素对摩尔质量的贡献及其不确定度分量为：

	计算式	结果	标准不确定度
C_8	8×12.0107	96.0856	0.0037
H_5	5×1.00794	5.0397	0.00020
O_4	4×15.9994	63.9976	0.00068
K	1×39.0983	39.0983	0.000058

上表各数值的不确定度是由前表各元素的标准不确定度数值乘以原子数计算得到的。

KHP的摩尔质量为：

$$M_{KPH} = (96.0856 + 5.0397 + 63.9976 + 39.0986)\text{g/mol} = 204.2212\text{g/mol}$$

上式为各独立数值之和，因此标准不确定度$u(M_{KHP})$就等于各不确定度分量平方和的平方根：

$$u(M_{KHP}) = \sqrt{0.0037^2 + 0.0002^2 + 0.00068^2 + 0.000058^2}\text{g/mol} = 0.0038\text{g/mol}$$

体积V_T

(1)滴定体积的重复性：如前所述，该重复性已通过实验合成重复性考虑了。

(2)校准：制造商已给定了滴定体积的准确性范围为±(数值)。对于20mL活塞滴定管，典型数值±0.03mL。假定为三角形分布，标准不确定度为

$$\frac{0.03\text{mL}}{\sqrt{6}} = 0.012\text{mL}$$

(3)温度:由于对温度缺乏控制而产生的不确定度按前例方式计算,但这一次假定温度的波动范围为 ±3℃(置信水平为95%)。同样用水的膨胀系数 $2.1\times10^{-4}℃^{-1}$得到

$$\frac{19\times2.1\times10^{-4}\times3}{1.96}\text{mL}=0.006\text{mL}$$

因此因温度控制不充分而产生的标准不确定度为0.006mL。

(4)终点检测误差:滴定是在氩气层下进行的以避免滴定液吸收 CO_2 带来的误差。这样的做法就是尽量避免任何偏差,以免修正。由于是强碱滴定强酸,没有迹象表明由从 pH 曲线形状判定终点会与等当点不一致。所以终点判定偏差及其不确定度可以忽略。

V_T 求得为 18.64mL,合并各不确定度分量得到体积 V_T 的不确定度 $u(V_T)$。

$$u(V_T)=\sqrt{0.012^2+0.006^2}\ \text{mL}=0.013\text{mL}$$

表 9.10　滴定中的数值与不确定度

	说明	数值 x	标准不确定度 $u(x)$	相对标准不确定度 $u(x)/x$
rep	重复性	1.0	0.0005	0.0005
m_{KHP}	KHP 的重量	0.3888g	0.00013g	0.00033
P_{KHP}	KHP 的纯度	1.0	0.00029	0.00029
M_{KPH}	KHP 的摩尔质量	204.2212g/mol	0.0038g/mol	0.000019
V_T	滴定 KHP 用去 NaOH 的体积	18.64ml	0.013ml	0.0007

9.6.1.4　传播和总结

c_{NaOH}由下式计算获得

$$c_{NaOH}=\frac{1000\cdot m_{KHP}\cdot P_{KHP}}{M_{KHP}\cdot V_T}\times rep$$

表9.10 列出了上述各参数的数值、标准不确定度和相对标准不确定度。代入上述数值后,得到:

$$c_{NaOH}=\frac{1000\times0.3888\times1.0}{204.2212\times18.64}\times1\text{mol/L}=0.10214\text{mol/L}$$

$$\frac{u_c(c_{NaOH})}{c_{NaOH}}=\sqrt{\left(\frac{u(rep)}{rep}\right)^2+\left(\frac{u(m_{KHP})}{m_{KHP}}\right)^2+\left(\frac{u(P_{KHP})}{P_{KHP}}\right)^2+\left(\frac{u(M_{KHP})}{M_{KHP}}\right)^2+\left(\frac{u(V_T)}{V_T}\right)^2}$$

$$=\sqrt{0.0005^2+0.00033^2+0.00029^2+0.000019^2+0.00070^2}=0.00097$$

因此,c_{NaOH}的合成标准不确定度为

$$u_c(c_{NaOH})=c_{NaOH}\times0.00097=0.00010\text{mol/L}$$

扩展不确定度 $U(c_{NaOH})$可由合成标准不确定度乘以包含因子 2 后得到。

$$U(c_{NaOH})=0.00010\text{mol/L}\times2=0.00020\text{mol/L}$$

所以,NaOH 溶液的浓度为(0.10214 ±0.00020)mol/L。

9.6.2　蒙特卡洛法

NaOH 溶液的浓度 c_{NaOH}的测量函数由式(9.41)给出

$$c_{NaOH} = \frac{1000 \cdot m_{KHP} \cdot P_{KHP}}{M_{KHP} \cdot V_T} \times rep \quad mol/L$$

其中：

m_{KHP}——滴定标准物 KHP 的质量，g；

P_{KHP}——滴定标准物 KHP 的纯度，以质量分数表示；

M_{KHP}——KHP 的摩尔质量，g/mol；

V_T——NaOH 溶液滴定消耗的体积，mL；

rep——重复性。

测量函数中某些输入量它们本身又是其他量的函数。测量函数应表示成由基本量所组成，这是因为蒙特卡洛计算的基本出发点就是每个量都用 PDF 来描述。

m_{KHP}是由两次称重的差得到

$$m_{KHP} = m_{KHP,1} - m_{KHP,2}$$

M_{KHP}是 KHP 的摩尔质量：

$$M_{KHP} = M_{C_8} + M_{H_5} + M_{O_4} + M_K$$

NaOH 溶液滴定消耗的体积 V 与温度和测量系统的校准有关：

$$V = V_T[1 + \alpha(T - T_0)]$$

式中，α 为水的膨胀系数，T 实验室温度，T_0 为校准时的温度。

因此，在 MCM 中测量函数变为

$$c_{NaOH} = \frac{1000 \cdot (m_{KHP,1} - m_{KHP,2}) \cdot P_{KHP}}{(M_{C_8} + M_{H_5} + M_{O_4} + M_K) \cdot V_T[1 + \alpha(T - T_0)]} \times rep \ mol/L \qquad (9.42)$$

这些输入量每个都由一个适当的 PDF 表征，PDF 根据输入量的有关信息推导得到。表9.11 列出了所有这些输入量以及设定的 PDF。

表 9.11　输入量的大小，不确定度和设定的分布

输入量	描述	单位	大小	标准不确定度或半宽度	分布
rep	重复性因子	1	1.000	0.0005	高斯
$m_{KHP,1}$	容器和 KHP	g	60.5450	0.00015	矩形
$m_{KHP,2}$	容器和减量的 KHP	g	60.1562	0.00015	矩形
P_{KHP}	KHP 的纯度	1	1.0000	0.0005	矩形
M_{C_8}	C_8 的摩尔质量	mol^{-1}	96.0856	0.0037	矩形
M_{H_5}	H_5 的摩尔质量	mol^{-1}	5.0397	0.00020	矩形
M_{O_4}	O_4 的摩尔质量	mol^{-1}	63.9976	0.00068	矩形
M_K	K 的摩尔质量	mol^{-1}	39.0983	0.000058	矩形
V_T	NaOH 溶液滴定消耗的体积	mL	18.64	0.03	三角
$T-T$	校准因子的温度	K	0	1.53	高斯
α	热膨胀系数	℃$^{-1}$	2.1×10^{-4}	忽略不计	

蒙特卡洛试验次数 $M = 10^6$。

MCM 实施的 Matlab 程序：

```
clear;
format long;
p=0.95;
M=1000000;
rep=random('norm',1.0000,0.0005,1,M);
m_KHP1=random('unif',60.5450-0.00015,60.5450+0.00015,1,M);
m_KHP2=random('unif',60.1562-0.00015,60.1562+0.00015,1,M);
P_KHP=random('unif',1.0000-0.0005,1.0000+0.0005,1,M);
M_C8=random('unif',96.0856-0.0037,96.0856+0.0037,1,M);
M_H5=random('unif',5.0397-0.00020,5.0397+0.00020,1,M);
M_O4=random('unif',63.9976-0.00068,63.9976+0.00068,1,M);
M_K=random('unif',39.0983-0.000058,39.0983+0.000058,1,M);
a=18.64-0.03;
b=18.64+0.03;
V_T=a+(b-a)/2*(rand(1,M)+rand(1,M));
T_T0=random('norm',0.0,1.53,1,M);
alfa=2.1*10^-4;
y=1000*(m_KHP1-m_KHP2).*P_KHP.*rep./((M_C8+M_H5+M_O4+M_K).
*V_T.*(1-alfa*T_T0));
y=sort(y);
y_mean=mean(y);
y_std=std(y);
q=round(p*M);r=round((M-q)/2);
y_low=y(r);y_high=y(r+q);
r=1;
while r<=(M-q)
if y(r+q)-y(r)<=y_high-y_low;
      y_low=y(r);y_high=y(r+q);
end
   r=r+1;
end
Y_mean=y_mean,Y_std=y_std,Y_low=y_low,Y_high=y_high
lower=min(y);upper=max(y);
xc=lower:(upper-lower)/49:upper;
n=hist(y,xc);
bar(xc,n./(((upper-lower)/49)*M),1);
hh=findobj(gca,'Type','patch');
set(hh,'FaceColor','w','EdgeColor','b')
```

执行结果为 Y_mean = 0.102136, Y_std = 1.004088e - 004,

Y_low = 0.101940, Y_high = 0.102332。

因此,MCM 得到的不确定度为 $u_c(c_{NaOH}) = 0.00010$mol/L。95% 对称包含区间为 [0.10194,0.10233],与 GUM 法给出的结果一致。

图 9.11 给出了 MCM(频率分布)所提供的 PDF。

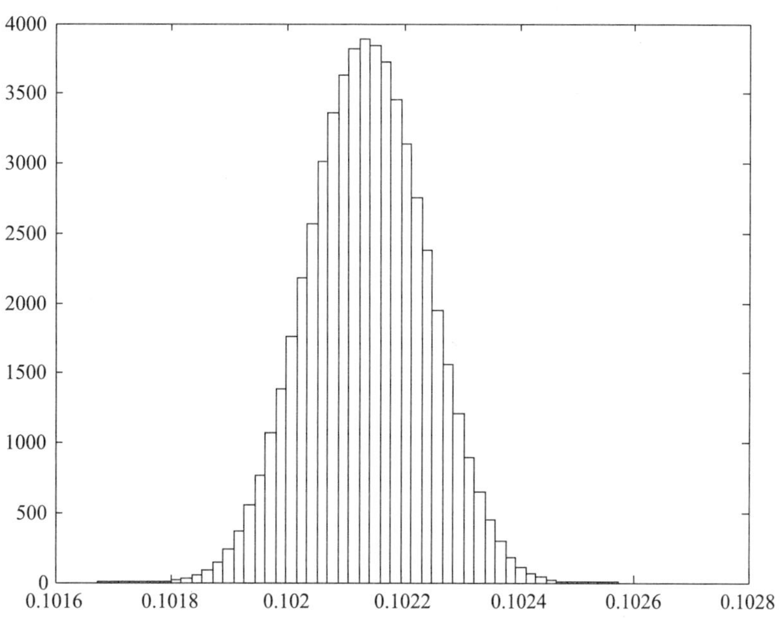

图 9.11 NaOH 溶液的浓度的频率分布

参考文献

[1] M. G. Cox and P. M. Harris. SSfM Best Practice Guide No. 6. Uncertainty evaluation. Technical Report DEM - ES - 011. National Physical Laboratory, Teddington, UK, 2010.

[2] Soalgurec - Beascoa Fernández, M. , J. Alegre Calderón and P. Bravo Díez, Implementation in MATLAB of the adaptive Monte Carlo method for the evaluation of measurement uncertainties. Accreditation and Quality Assurance: Journal for Quality, Comparability and Reliability in Chemical Measurement, 2009, 14(2): p. 95 - 106.